专家与您手拉手系列丛书

食用菌栽培技术问答

第2版

陈青君　程继鸿　朱青艳　编著

中国农业大学出版社
·北京·

内容摘要

食用菌是21世纪的健康保健食品，食用菌产业是21世纪的朝阳产业。本书以问答的形式阐述了食用菌的食疗价值和在生态农业中的作用，就食用菌标准化生产的意义、工厂化食用菌生产进行提问。对食用菌学基本知识、食用菌菌种制作与保藏技术进行了问答。对平菇、香菇等21种食药用真菌的栽培技术进行分解、提问和解答。对食用菌病虫害防治、食用菌产品的贮藏及加工方面的问题也进行了归纳和解答。

图书在版编目(CIP)数据

食用菌栽培技术问答/陈青君，程继鸿，朱青艳编著.—2版.—北京：中国农业大学出版社，2016.12

ISBN 978-7-5655-1537-8

Ⅰ.①食…　Ⅱ.①陈…②程…③朱…　Ⅲ.①食用菌-蔬菜园艺-问题解答　Ⅳ.①S646-44

中国版本图书馆CIP数据核字(2016)第057475号

书　名　食用菌栽培技术问答　第2版

作　者　陈青君　程继鸿　朱青艳　编著

策划编辑	张秀环	**责任编辑**	张秀环
封面设计	郑　川	**责任校对**	王晓凤
出版发行	中国农业大学出版社		
社　址	北京市海淀区圆明园西路2号	**邮政编码**	100193
电　话	发行部 010-62818525，8625	读者服务部	010-62732336
	编辑部 010-62732617，2618	出 版 部	010-62733440
网　址	http://www.cau.edu.cn/caup	**e-mail**	cbsszs @ cau.edu.cn
经　销	新华书店		
印　刷	涿州市星河印刷有限公司		
版　次	2016年12月第2版　2016年12月第1次印刷		
规　格	850×1 168　32开本　10印张　250千字　彩插1		
定　价	28.00元		

图书如有质量问题本社发行部负责调换

前　言

本书的第1版于八年前出版，受中国农业大学出版社之约，现对第1版进行修订。八年来中国食用菌产业发生了巨大的变化，食用菌的营养保健作用越来越受到人们的推崇，市场前景看好。同时，新的菌类、新的栽培方法也在不断涌现。本次修订补充了以下内容。

药用菌栽培技术新增加了近年来在抗肿瘤应用中的热门种类桑黄的栽培技术，灵芝栽培部分增加了灵芝盆景造型的栽培措施，猪苓栽培部分增加了筐式和最新的栽培技术，茯苓栽培部分增加了松针培养料栽培技术，猴头菇栽培部分增加了层架立体栽培技术，双孢蘑菇、草菇、金针菇、白灵菇、杏鲍菇部分增加了近期的工厂化栽培新技术等，香菇、平菇、银耳等都补充了一些内容。

目 录

一、食用菌的食疗价值和在生态农业中的作用

☞ 1. 食用菌的营养价值与保健功能如何？

大多数食用菌适口性非常好，其味道鲜美，质地肥、嫩、脆、滑，香气诱人，自古以来就被人们视为“庖厨之珍”，我们常用“山珍海味”来概括美味佳肴，而食用菌就占了“山珍”这一半。

食用菌的营养兼备了动物食品的高蛋白和植物食品富含维生素的特点。一般鲜菇中蛋白质含量4%～5%，比牛奶(3.3%)还高，干菇中含量30%～40%，且食用菌中的蛋白质可以100%取代动物蛋白，是国际上公认的“十分好的蛋白质来源”。食用菌是维生素的来源之一，可与水果、蔬菜媲美，如维生素B、维生素C、维生素K、维生素E、维生素D含量都很丰富，有些比蔬菜高好几倍。例如，草菇以富含维生素C著称，其含量为206.29 mg/100 g，比一般蔬菜、水果高得多，比蔬菜中维生素C之王尖辣椒还高1～4倍:香菇中维生素D源含量是大豆的21倍，海带的8倍，白薯的7倍(维生素D是钙成骨的催化剂)，正常人每天食用香菇2～4 g就可满足需要。栗蘑(灰树花)中含有丰富的维生素E，在每100 g干品中含109.7 mg。食用菌也是矿物质的来源，例如，木耳中铁的含量非常丰富，比蔬菜中含铁最高的芹菜高20倍，比肉类含铁最高的猪肝高7倍，是非常好的天然补血食品。

虽然食用菌有很高的营养价值但却是低热能、低脂肪食品，这对于许多希望瘦身或减肥者来说，无疑非常有利。同谷物、马铃

薯、苹果等植物相比,其所含的碳水化合物极低,只有3.5%~5.2%。食用菌脂肪含量只有0.01%~0.2%,不像动物食品那样在含高蛋白质的同时还伴随着高脂肪和高胆固醇。食用菌具有高蛋白、低脂肪、低热量、低盐分的特点,正是现代人所注重的"一高三低"型保健食品。因此,食用菌被认为是"人类理想的保健食品",外国人称其为"完美食品"。营养学家认为食用菌集中了食品的一切良好特性,是"未来最为理想的食品之一。"科学家预言:食用菌将成为21世纪的"文明食品"、"保健食品"。食用菌可食、可补、可药,是21世纪的健康食品,是人类食品的顶峰。

☞ 2. 食用菌的食疗价值如何?

自古以来,人们崇尚"药疗不如食疗"。祖国传统医学认为,对疫病的防治,并非孤立地依靠药物,更注重于人的营养和饮食调理,以固根本。利用饮食防病治病,在我国有着悠久的历史。而利用食用菌治疗疾病,在汉朝已有记载,明代《本草纲目》也有收录。在众多食用菌中,灵芝、猴头菇、虫草菌、金针菇、香菇、灰树花等对强化人体免疫力的作用已为国内外医学专家所公认。现代医学研究表明,食用菌含有人体必需的8种氨基酸、14种维生素、多种矿物质和多糖等营养成分,具有滋阴补阳、益气活血、补脑强心、延年益寿等功能。同时,食用菌具有降低血清胆固醇、改善血液微循环、提高血液载氧能力、提高肝脏解毒能力等药性作用。经常食用,可全面调节人体生理机能,促进新陈代谢,增强免疫功能,延缓衰老,是较为理想的保健食品。

☞ 3. 一些有名的野生食用菌都可以治疗哪些疾病?

羊肚菌是著名的世界性珍稀食用菌。能补肾壮阳、补脑提神、防癌抗癌。对肠胃炎症、脾胃虚弱、消化不良、饮食不振有良好的疗效。黑虎掌也是著名的野生珍稀食用菌。滋阴养血，降低血脂、胆固醇，是身体虚弱者的高级滋补品。鸡枞菇适用于脾胃虚弱、血气不足等。姬松茸是菇中珍品，日本最为推崇，著名的野生食药两用菌。防治糖尿病、降血压，预防心血管病。灰树花养肝护肝食药兼用菌。益气健脾，清热利湿，用于小便不畅、肝硬化、肝腹水等症。榆黄蘑润肺生津、补益肝肾。杏鲍菇在日本最受女士欢迎的食用菌。有整肠美容效果，防治人体消化系统疾病。松茸菌中珍品。止痛理气，滋阴润燥、补肾养血。猴头菇对胃溃疡、慢性胃炎等有特别疗效。

☞ 4．为什么说食用菌可作为糖尿病患者的理想食品？

糖尿病实际就是糖代谢失调所致。由于糖代谢失调往往可同时引起蛋白质代谢、脂肪代谢、激素代谢等一系列新陈代谢的失调。因而一般说来，糖尿病在没有自觉症状或本人未发觉之前就并发有高血压、动脉硬化、肾炎、白内障、坐骨神经痛等病状。它是中老年人吃得太饱、吃得太好加上运动过少所造成的一种“文明病”，也叫“富贵病”，即所谓“中年发福”的人们普遍的疾病。对此种病，目前尚缺乏根治的良药。一般都是在使用药物治疗的同时辅以“食疗”，从维持营养平衡考虑，食疗作用最理想的食物莫过于食用菌。因为，食用菌与一般食物相比，营养齐全，而且含的脂肪和碳水化合物较低，所产的热量比较少。比如，在 100 g 食物中所含的热能，糙米为 1 445 J，精米为 1 441 J，大豆为 1 676 J，肉类为 966 J，甘薯为 496 J，鸡蛋为 638 J，牛乳为 248 J，而香菇则为 227 J，蘑菇只有 122 J，金针菇（干品 1 352 J、5 kg 鲜菇折 0.5 kg）135 J，平菇（干品 1 449 J，5 kg 鲜菇折 0.5 kg）145 J，所以常吃食用菌这样低热能、高蛋白、高维生素的食物，少吃或不吃肉类食品，对防治糖尿病和肥胖病无疑是有一定食疗作用。

☞ 5. 为什么食用菌对病毒性疾病与植物病害有防治作用?

众所周知,“流感”是人们熟悉的一种社会性疾病,虽然并非引起人们的恐怖心理,但它是“百病之源”,它可使人体抵抗力降低,从而导致其他疾病的并发。人们对于由病毒引起的感冒,至今还没有找到特效的药物。但自从发现了蘑菇的提取物可以抑制病毒的增生以来,食用菌对感冒的“食疗”作用,引起了人们的极大兴趣。近期的研究已经知道在食用菌中存在着能刺激机体产生干扰素的诱导物质(能抑制病毒的抗体),这种诱导物质叫“蘑菇核糖核酸”(mushroom-VRNA),它能强烈地抑制病毒的增殖。“蘑菇RNA”的发现,为人类预防各种病毒性疾病带来了新的希望。香菇中也含有既能抗癌又抗病毒的双重功能的KS-Ⅱ和干扰素诱发剂——双链核糖核酸(RNA),既对小白鼠移植癌有显著抑制效果,又可预防小白鼠流感。金针菇对病毒性的肝炎也有很好的食疗作用。常吃香菇、平菇、金针菇、蘑菇等菌类食品,不仅能防治癌病与其他疾病,而且能治疗“流感”。

最新报道,日本在研究治癌的同时,发现香菇(包括蘑菇)能防治艾滋病的病毒,并从蘑菇菌体中提取具有抗艾滋病功能的LEM物质,其主要机理是抑制艾滋病毒侵袭淋巴细胞。我国台湾学者用灵芝治疗一名艾滋病患者所取得成果的学术报告,也引起了世界医学界的瞩目。不仅如此,食用菌的抗病毒为农业病害的防治开辟了新的途径。近年来发现,不少食用菌的水浸液,对一些植物病毒有较强的抑制作用。这种水提液的感染抑制率可高达90%以上,例如,日本将金针菇下脚料的浸出液加300～500倍水,喷洒到植株叶面或土壤中,能使大豆增产2.6倍。已经感染了叶斑病的植株喷两次后即痊愈。

☞ 6. 食用菌在其他方面的医疗保健作用如何?

食用菌所含的营养物质非常齐全,它具有的医疗保健作用是多方面的。除上述之外,尚有止血、消炎、清热、解毒、润肺、健美、护肤、健脑等功能。这些高等食用菌和人们日常生活有着非常密切的联系。竹荪、猴头、银耳、蘑菇、羊肚菌、松口蘑、牛肝菌、鲍鱼菇(即平菇)、黑木耳、香菇、金针菇(又名增智菇)等,味道鲜美可口,营养丰富,经济价值很高,历来以山珍美名登上盛宴佳肴的"大雅之堂"被誉为"蔬中之王"、"植物性食品的顶峰"。尤其鸡枞与竹荪含有蛋白质之多,比鸡肉还要高很多倍,具有强烈的抗癌、抗病毒治病的功能。银耳有独特的"能去除脸上雀斑、黄褐斑"的功能,成为美容大师的"囊中宝物"。砂耳的药用功能可与名贵的中药材——阳春砂仁相媲美,具有"安胎行气之功,保中益气之效"、灵芝有"强心健脑、活血镇痛"等多功能的疗效。茯苓、猪苓有健脾祛湿清热利尿,几乎每张中药处方都用到茯苓。天麻菌、沉香菌、安络小皮伞菌又是治疗神经系统疾病的"灵丹妙药",对于偏头痛、坐骨神经痛、颈部神经痛具有药到回春之效。黑木耳、毛木耳、金针菇、金耳显著的吸附作用成为毛纺、麻纺、制革及理发工人必不可少的劳保食品之一。

☞ 7. 目前我们常吃的食用菌类和药用菌类有哪些?

目前我们常吃的菌类有香菇、平菇、滑子菇、金针菇、黑木耳等木腐型菌类;双孢蘑菇、草菇、鸡腿菇、竹荪等粪草型菌类;白灵菇、杏鲍菇、茶树菇、灰树花、大球盖菇、姬松茸等珍稀食用菌类;灵芝、猪苓、茯苓、猴头菇、蛹虫草、银耳、蜜环菌、冬虫夏草等药用菌类;羊肚菌、美味牛肝菌等野生菌类。很多菌类既有营养又可以治疗一些疾病。

☞ 8. 灵芝有哪些药用成分?

灵芝被称为"仙草"、吉祥之物，中医传说中的养命"神仙药"，历代医家把它列为极品、上品。灵芝主要成分有:①灵芝多糖。是灵芝中最有效的成分之一，它能提高机体免疫力，提高机体耐缺氧能力，消除自由基，具有抗放射，解毒，提高肝脏、骨髓、血液合成DNA、RNA 蛋白质能力，延长寿命;有一定的抗肿瘤效果。②灵芝酸。是一种三萜类物质，具有强烈的药理活性，并有止痛、镇静，抑制组织胺释放，解毒、保肝，毒杀肿瘤细胞等功能。③是一种以核苷和嘌呤为基本构造的药理活性很强的物质。它的衍生物能抑制血小板的过度聚集能力，对老年瘀血者具有良好的解血凝能力，从而改善人体血液循环，防止脑血栓、心肌梗死、血流不畅、机体无力等疾病。灵芝还含有灵芝纤维素、灵芝碱等。

☞ 9. 灵芝有哪些药理作用?

①提高机体生命力的作用:提高机体耐缺氧、抗疲劳、抗应激、抗放射性射线和有毒化学药物对机体的损害，延缓机体衰老进程，延长寿命。②提高机体免疫力:增强巨噬细胞吞噬能力、提高 NK 细胞活性、促进 T 淋巴细胞增殖和提高 T 细胞免疫力、促进巨噬细胞产生肿瘤坏死因子(TNF)。灵芝被称为"未病药"，其最大特色是对人体的调整作用。③灵芝对心血管系统的作用:灵芝三萜类化合物中的一些成分对血管紧张素转换酶发生抑制作用，故可使血压下降;灵芝酸能抑制血清、胆固醇和甘油三酯合成。④抗有害化学药物对机体的损害和保肝解毒作用，能减轻四氯化碳对肝脏解毒功能的损害和病理组织改变程度。⑤灵芝多糖、灵芝酸具有抗肿瘤

作用。⑥对抗中枢神经，镇痛、安神、镇静。⑦灵芝中的有机锗能使血液循环畅通，增加红细胞携带氧的能力，延缓衰老，并能与体内污染物、重金属相结合形成锗化合物排出体外，是美容佳品。

☞ 10. 灵芝的保健食品有哪些？

“灵芝白酒”“灵芝桂花酒”“灵芝片”“猴头灵芝茶”“天麻灵芝口服液”，还有以灵芝和冬虫夏草、灵芝和香菇为主要原料研制的“东方神草”“生命力口服液”等，正在研制推出的“灵芝咖啡”“灵芝保健饮料”“灵芝美容霜”“灵芝沐浴液”等保健美容系列产品。

☞ 11. 蛹虫草有哪些营养价值？

蛹虫草又名北冬虫夏草，它是在昆虫蛹体上生长出的“草”栩栩如生，色泽橘黄诱人。蛹虫草含有百余种营养源与药源，是药、食两用真菌的奇葩，蛹虫草不燥不热，四季皆宜，可以双向调节，既补又清，是极为稀有的阴阳双补上品，功效非凡。其主要成分有：①蛋白质含量高达40％以上。②含21种微量元素，其中硒、锌、钾、钙、磷、镁等明显高于冬虫夏草，硒含量是冬虫夏草的3倍。③已知含有9种维生素，维生素A的含量是猪肝的13倍；维生素B_2的含量是猪肝的84倍，人乳的43.38倍。④含有虫草素、虫草酸、虫草多糖、SOD酶、核酸衍生物等物质。

☞ 12. 蛹虫草有哪些临床功能与医疗保健价值？

①能平喘止咳，对肺气肿、气管炎有较好疗效。②具有壮阳补肾，增强体力、精力，提高大脑记忆力的功效。③能明显降低血糖；对糖尿病患者有明显疗效。④降低血压、颅压，缓解高血

压、脑血栓、冠心病、手足麻木等病症。⑤抗菌、抗炎、抗癌、抑癌、能明显增强机体免疫功能。⑥润肌美容，尤其可快速消除“蝴蝶”斑。

☞ 13. 蛹虫草食用方法有哪些？

开水浸泡饮用：如为保健用，每人每日用量为2～5 g。治疗用15 g。泡酒饮用：蛹虫草5 g，可泡酒一瓶(750 mL)。炖鸡汤或煲鸡汤。与灵芝孢子粉相配服用，抑癌效果显著。其他食用方法：涮火锅、包饺子、下汤面等。

☞ 14. 冬虫夏草的主要成分有哪些？

冬虫夏草是一种真菌寄生于虫草蝙蝠蛾的幼虫体内，被真菌感染的幼虫冬季潜伏在土中，到了春、夏交季时，真菌从虫体顶部长出地面，发育成草状。它生长在海拔3 000～4 500 m及以上的高原草地，具有极高的药用价值，其主要成分有：脂肪、精蛋白、精纤维、碳水化合物、虫草酸、冬虫草素和维生素B_{12}、麦角脂醇、六碳糖醇、生物碱等。

☞ 15. 冬虫夏草的医药价值有哪些？

传统医学认为：冬虫夏草性味甘、平、入肺、肾经。具有益肺、肾、止咳喘、补虚损、益精气。主治虚劳咳血、阳痿遗精、盗汗虚喘、腰膝酸痛等症。有滋肺阴、补肾阳、止嗽化痰奇效。为一种平补阴阳的名贵药材，与人参、鹿茸并列为三大补品。其药理作用：抗疲劳作用；抗肾损伤作用；增强常压耐缺氧能力；强身延年，延缓衰老作用；镇静、解毒作用；免疫调节作用；平喘及祛痰作用；抗肿瘤、抗癌作用;对心血管、血液系统作用。常见的保健产品有虫草精、虫草酒、虫草八珍等。

☞16. 猴头菇的营养价值有哪些?

猴头菇含有丰富的蛋白质、脂肪、碳火化合物、磷、铁、钙、硫胺素、核黄素、胡萝卜素和维生素等营养物质。其中蛋白质含量占26.3%,其所含的17种氨基酸中,有7种是人体所必需的。还含有猴头菌酮、碱及葡聚糖、麦角甾醇、猴菇菌素和多糖等。猴头菇为“山珍”之上品,烹制美味之佳肴。是四大名菜之一,与燕窝、熊掌及海参并称。

☞17. 猴头菇的药用价值有哪些?

传统中医认为:猴头菇性平、味甘、助消化、利五脏,专治消化不良、神经衰弱、胃溃疡。现代医学认为:猴头菇有助消化、利五脏的功能,对慢性胃炎、十二指肠溃疡、胃溃疡等多种消化道疾病、肿瘤均有较好疗效,猴头菇多糖对老年痴呆症也有一定疗效。常吃猴头菇可以增强免疫功能,抗溃疡,降血糖,延缓衰老,防癌抗癌,对消化道肿瘤患者以及哮喘者大有裨益。

☞18. 茯苓的药用价值有哪些?

茯苓作为长寿保健品历史有2 300多年,久服安魂养神,不饥延年。茯苓中含有茯苓多糖、三萜类、麦角甾醇、胆碱、钾盐、酶、腺嘌呤等。其药用功能:渗湿利尿,健脾补中,宁心安神。适用于水湿停留所致的大便不利、泄泻、水肿等,脾虚湿困所致的食少脘闷或泄泻等，用于心悸、失眠等症。茯苓还能护肤美容，内服亦可外用，如白茯苓研末和蜂蜜调膏，能去面褐斑、蝶斑、雀斑等，是调营理卫的“上品仙药”。它既可直接应用于中药处方，又可加工成茯苓糕、茯苓粥、茯苓饼等系列保健食品。

☞ 19. 猪苓的药用价值有哪些？

猪苓含猪苓多糖、麦角甾醇、粗蛋白质、微量生物素、纤维素及钙、镁、锶、钾、钠、铁、锰、锌等。猪苓属性平、味甘、利尿、渗湿。可降压、增强人体免疫、抗肿瘤作用。利水渗湿作用比茯苓强，但无补益心脾的作用。临床主治急性肾炎、全身水肿、心源性水肿、腹泻、尿急、尿频、尿道痛、黄疸、肝硬化、腹水等病症，对肺癌、恶性肿瘤有一定的抑制作用。对白血病亦有效。用于放化疗原发性肺癌肝癌、急性白血病、鼻咽癌的辅助治疗。

☞ 20. 蜜环菌的营养与药用价值有哪些？

蜜环菌蛋白质含量高（31.16％），矿物质齐全（锌、铜、镁、钙、钾等 11 种）；硒的含量高达 7.02 mg/kg，为目前我国现有食用菌中罕见。锌的含量为一般食品 3 倍多。氨基酸种类 20 多种，以及丰富的维生素等均属其他食品所罕见。消除人体疲劳有神功的天门冬氨酸也达 0.64 mg/kg，高于其他食品。味道鲜美，属世界稀有珍品。蜜环菌提取物具有抗肿瘤、抗炎症、抗辐射、增强免疫功能的作用，具有中枢神经镇静作用，并可改善脑眩晕综合征、血管性头痛、中风后遗症等心脑血管疾病。能治疗夜盲症，促进眼明。医治人体皮肤干燥等症。常见产品有天麻蜜环菌胶囊、蜜环菌干品等。

☞ 21 · 松茸的营养与药用价值有哪些？

我国松茸主要分布在吉林和四川、云南、西藏等省（区）。松茸特殊的香味成分中含有60%～80%的松菇醇，5%～10%的异松菇醇。15%～30%桂皮酸甲脂。还含有丰富蛋白质、氨基酸、多种维生素、碳水化合物和矿物质等。松茸富含蘑菇多糖且有抗癌、抗辐射的作用。有益肠健胃、理气化痰、止痛等功用，可用于糖尿病、肥胖症和癌症患者的辅助治疗。松茸产品有新鲜松茸、松茸干片、冷冻松茸、盐渍松茸和清水松茸等。

☞ 22 · 草菇的营养价值与食疗作用有哪些？

草菇鲜味浓厚，品质脆嫩，营养丰富，含粗蛋白质含量高达37.13%，还原糖为9.88%，每100 g鲜菇含维生素C 158.44 mg；含20种氨基酸，特别是人体从食物摄取的8种必需氨基酸，都可从草菇中得到。草菇可提高人体免疫力，丰富的维生素C可加速伤口愈合，防止败血病发生；草菇有降血糖、降血压作用，常吃草菇对预防高血压、动脉粥样硬化有利；对增强体质、抗癌防病有良好作用。草菇的有机成分可与污染有害物结合形成络合物排出体外，所以适合于城市生活，还可以预防老年性痴呆。

☞ 23 · 鸡腿菇的营养价值与食疗作用有哪些？

风味鲜美，肉质肥嫩，氨基酸含量25%。益脾健胃、提神益智、助消化、增食欲、增强抗病能力。鸡腿菇3～5月份大量上市，含大量维生素，辅助治疗糖尿病，调节血蛋白，与肉合吃可以结合掉肉中的胆固醇。国内外均有资料报道，鸡腿菇有治疗糖尿病的有效成分，并有试验证明其有显著的降糖效果；临床试验还证明鸡腿菇有良好的降血脂、降血压和改善心率、增加心血输出量的效果。

☞ 24．竹荪的营养价值与食疗作用有哪些？

竹荪是一种名贵食用菌。其子实体体态优雅，素有“真菌之花”“菌中皇后”之美称。竹荪含有丰富的蛋白质、脂肪、糖类等营养物质。菌肉色白、质嫩、散发清香。用竹荪烹饪菜肴，其味鲜美、爽脆适口。长裙竹荪干品中含有粗蛋白质15%～22%，粗脂肪2.6%，糖38.1%，氨基酸种类达21种，其中谷氨酸含量达1.76%。对高血压、高胆固醇有一定的疗效，是减肥的代表性食用菌，对肥胖者有减少腹壁脂肪积累的良好效果。竹荪还具有独特的“防腐”作用，夏季煮菜，加入竹荪同煮，可保持较长时间不变质。

☞ 25．双孢蘑菇的营养价值与食疗作用有哪些？

双孢蘑菇的菌肉肥嫩，并含有较多的甘露糖、海藻糖及各种氨基酸类物质，所以味道鲜美，营养丰富。据测定，每100 g干菇中含蛋白质36～40 g、脂肪3.6 g、碳水化合物31.2 g、磷718 mg、铁188.5 mg、钙131 mg、灰分14.2 mg、粗纤维6 g，此外还含有维生素B_1、维生素B_2、维生素C、尼克酸等，有“植物肉”之称。

双孢蘑菇对病毒性疾病有一定免疫作用，所含的蘑菇多糖和异蛋白具有一定的抗癌活性，可抑制肿瘤的发生；所含的酪氨酸酶能溶解一定的胆固醇，对降低血压有一定作用；所含的胰蛋白酶、麦芽糖酶等均有助于食物的消化。中医认为双孢蘑菇味甘性平有提神消化、降血压的作用。双孢蘑菇可以辅助治疗病毒，提高免疫力。适合于易患感冒者。

☞ 26. 香菇的营养价值与食疗作用有哪些？

享有“素中之肉”之称，是中外医疗保健界公认的“健康食品”之一，有“植物皇后”之誉。香菇含多种氨基酸。还含有多糖类、维生素 B_1、维生素 B_2、维生素 C 等。鲜香菇每 100 g 含有蛋白质 12～14 g，远远超过一般植物性食物；含碳水化合物 59.3 g，钙 124 mg，磷 415 mg，铁 25.3mg。香菇含麦角甾醇（维生素 D 原），被人体吸收后，在阳光照射下，能转变为维生素 D，可增强人体的抵抗能力，并能促进儿童骨骼和牙齿的生长，预防佝偻病。香菇有降低血中胆固醇的作用，可预防因动脉硬化引起的冠心病、高血压等中老年人的常见病。有“血管清道夫”之称。香菇多糖能增强机体对肿瘤细胞的免疫力，能作为一种抗体阻止病毒繁殖和癌细胞分生与扩散。有防癌抗癌的作用，尤其对胃癌和血癌有较好的辅助疗效。香菇含双链核糖核酸能诱导机体产生干扰素，预防由病毒引起的多种疾病如感冒等。在民间常用香菇来助痘疮、麻疹发透，以及治感冒、头痛等疾病。香菇还具有开胃、益气、助食、治伤、破血等功效。

☞ 27. 平菇的营养价值与食疗作用有哪些？

在每 100 g 干平菇中，含粗蛋白质 27 g，脂肪 1.5 g，纤维素 8.3 g，含有 18 种氨基酸，还含有丰富的维生素类以及钙、磷、铁等微量元素。含独特的侧耳素、蘑菇核糖核酸、甘露醇糖、激素等。可以改善人体新陈代谢、增强体质、调节植物神经功能等作用，可作为体弱病人的营养品。

中医认为，平菇性微温、味甘、无毒。具有滋养、补脾胃、除温邪、祛风散寒、舒筋活络和补虚抗癌之功效。山西著名中药“舒筋散”的主要原料之一是平菇，可治腰腿疼痛、手足麻木、筋络不适等症。平菇含有牛黄素，可降血压和防治血栓形成；含侧耳毒素和蘑菇核糖酸，能抑制病毒素的合成和增殖。对肝炎、慢性胃炎、胃溃疡和十二指肠溃疡、软骨病、高血压等都有一定疗效；对妇女更年期的综合征可起调理作用；对尿道结石也有一定效果。适合人群：老人，腰酸背疼者。消化系统疾病、心血管疾病患者及癌症患者。体弱者和更年期妇女。

☞ 28．木耳的营养价值与食疗作用有哪些？

每 100 g 干木耳含蛋白质 10～15 g。维生素 C 达 200 mg，含铁 185 mg，钙 375 mg。维生素 B 的含量比猪、牛、羊肉高 3～5 倍，含有铁质比肉类高 100 倍，钙的含量是肉类的 30～70 倍。木耳历来作为远航船员抗御维生素缺乏的必备食品。中医认为木耳性平，味甘，补血益气，止血活血，有滋润、强壮、通便之功能。历来临床验证：木耳对降低血脂，防治血管硬化、高血压、眼底出血，妇女产后虚弱、经血不调均有疗效。木耳能阻止血栓形成，降低血液中的凝块，缓解冠状动脉粥样硬化，调节人体代谢功能和治疗高血压等疾病。木耳有清肠润肺功能。其所含的发酵素、植物碱可在短期内溶化和分解人体内的纤维、尘埃，木耳所含的胶体物质有很强的吸附能力，可将人体内和肺部的纤维、粉尘吸附后排出体外，故人们称木耳是呼吸道和胃肠系统的“清道夫”。是纺织工人、发廊工作人员和矿工的保健必备品。木耳对癌症也有一定辅助疗效；对胆、肾结石、外伤久治不愈、腰腿痛、抽筋及误食毒菌等多种疾病均有疗效。

☞29.银耳的营养价值与食疗作用有哪些?

每100 g干银耳中含蛋白质5 g、脂肪0.6 g、碳水化合物78.3 g、钙380 mg、磷250 mg、铁30.4 mg、维生素B_1 0.002 mg、维生素B_2 0.14 mg、尼克酸1.5 mg、核黄素0.14 mg、抗坏血酸4 mg。木耳含有丰富的胶质、氨基酸、酸性异多糖、有机磷、铁等化合物,银耳是一种含粗纤维的减肥食品。现代研究证明,银耳的粗纤维有助胃肠蠕动,减少脂肪吸收,故有助减肥作用,并有去除脸部黄褐斑。《中国药物大辞典》记载:“本品入肺、脾、胃、肾、大肠五经,主治肺热咳嗽、肺燥干咳、久咳喉痒、咳痰带血或痰中血丝或久咳络伤胁痛及肺痛、肺痿、妇女月经不调、肺热胃炎、大便团结、大便带血。”银耳可提高人体免疫力;促进骨髓造血功能;防癌抗癌,适用于肿瘤病人放疗、化疗和其他原因引起的白细胞减少症状。银耳还可辅助治疗慢性支气管炎及肺源性心脏病。银耳含有的植物胶及黏液质,不但能滋阴养颜,还能分解肠胃管道的污秽物,有清扫肠胃的功能。银耳多糖有助于补脑强心,能提高肝脏的解毒能力。

☞30.金针菇的营养价值与食疗作用有哪些?

金针菇是一种高钾低钠食品,并含有维生素B_1、维生素B_2、维生素E以及较高含量的微量元素锌。每100 g干菇中所含氨基酸的总量可达20.9 g,其中人体所必需的8种氨基酸为氨基酸总量的44.5%。赖氨酸和精氨酸含量特别丰富,为1.024 g和1.231 g,赖氨酸能促进儿童的骨骼成长和智力发育,称之为“增智菇”。而精氨酸则有利于防治肝脏疾病和胃溃疡。适宜于儿童、高血压病人和中老年人食用。

我国传统医学认为:金针菇性寒,味咸,能利肝脏、益肠胃、增智慧、抗癌瘤。金针菇可以预防哮喘、鼻炎、湿疹等过敏症，也可以提高免疫力，甚至能对抗病毒性感染及癌症。降低胆固醇，可使中老年人的血脂降低，血红蛋白升高。金针菇柄中含有大量食物纤维，可以吸附胆酸，降低胆固醇，促使胃肠蠕动，常吃金针菇对高脂血症患者有一定的好处。但注意一次不要吃得太多，应避免过度烹煮，患有红斑狼疮或关节炎的病人最好不要常吃，否则会让病情加重。

☞ 31．杏鲍菇食疗价值如何？

杏鲍菇肉质肥厚，质地脆嫩，味道鲜美，具有独特的杏仁香味，素有“平菇王”“草原上的美味牛肝菌”之称。杏鲍菇含有利尿、健脾胃、助消化的酶类，具有滋补、强身、提高免疫力的功能。寡糖含量丰富，口感极佳。整肠美容。

☞ 32．白灵菇食疗价值如何？

白灵菇有“天山神菇”“西天白灵菇”之美称。其子实体含蛋白质14.7％，脂肪4.31％，灰分4.8％，粗纤维15.4％，碳水化合物43.2％，菌类多糖19.0％，含硒量达6.8％，其中人体必需的8种氨基酸比香菇和其他平菇都高，其精氨酸和赖氨酸含量比被誉为益智菇的金针菇还高。白灵菇具有消积化瘀、清热解毒、治疗胃病伤寒等功效，民间常用于治疗胃病、伤寒等多种疾病。白灵菇能降血脂、清热解毒、消积化瘀，与乌鸡肉烹调，对产后妇女起到化瘀血、补气虚等大补作用。其不饱和脂肪酸与人体血液中的胆固醇结合成胆固醇酯，有降低血压、防止动脉硬化的作用。所含的维生素D能防治儿童佝偻病、软骨病、中老年骨质疏松症、老年心血管病等疾病。所含的多糖能增强人体免疫功能，防癌抗癌。

☞ 33. 茶树菇食疗价值如何?

茶树菇是一种高蛋白、低脂肪、无污染、无药害、集营养保健于一身的食疗两用珍稀食用菌。茶树菇营养丰富,蛋白质和碳水化合物含量高,风味鲜美,菌柄脆嫩,菌盖肥厚,香味纯正,气味香浓,口感极好,是家庭、宾馆津津乐道的高级保健食品。中医认为:茶树菇性平甘温、无毒、有利尿渗湿、健脾、止泻之功能、清热平肝之疗效。茶树菇对肾虚尿频、水肿、气喘、小儿低热、尿床有独特的疗效。在民间被称为"神菇"。经常食用可美容、降血压、健脾胃,防病抗病、提高人体免疫能力,有降低胆固醇、增强免疫功能、抑制肿瘤、抗衰老等医疗保健作用。

☞ 34. 灰树花食疗价值如何?

灰树花和一般食用菌同样富含蛋白质、氨基酸、B族维生素、多种矿物质、微量元素和膳食纤维。属低脂、低热能食物;同时,又富含其他食用菌中少见的某些营养素,在口感、营养和药用功效等方面都独具特色。其蛋白质含量高达25.5%,居菌类之前列,是很好的植物蛋白来源。含18.8%的氨基酸,赖氨酸和精氨酸特别丰富,高于其他食用菌。在每100 g灰树花干品中,含有维生素E 109.7 mg,高于公认的天然维生素E源小麦胚芽(23.2 mg/100 g)、黑芝麻(95.44 mg/100 g)、山核桃(90.52 mg/100 g)和葵花籽仁(79.09 mg/100 g)。堪称理想的天然维生素来源。还含维生素B和维生素C。

灰树花具有卓越的药用功效,其抗癌功效居菌类之冠,在迄今发现的诸多菌类多糖中,以灰树花多糖抗癌活性最强。灰树花多糖不仅能够抑制肿瘤的生长,而且可以防止转移,减轻放疗、化疗的毒副作用。在配合化疗使用时，起到增效作用。灰树花多糖无论口服还是注射，都能达到同样的抑制肿瘤效果。灰树花中还含有一种脂类物质，具有很好的调节血压功效。灰树花可以抑制血糖、血清胰岛素和甘油三酯上升，并改善糖尿病的相应症状。可以降低血清中过高的胆固醇、甘油三酯，改善脂肪代谢、减肥，调节血脂。还可防治慢性疲劳综合征，是现代城市病的食疗佳品。

☞ 35. 姬松茸食疗价值如何？

据测定，姬松茸干品纤维素含量为8%，灰分8%，脂肪4%，其中以亚油酸为主的不饱和脂肪酸占了70%～80%。已测定的17种氨基酸总量为干重的19.22%，其中50.18%为人体必需氨基酸，高于其他食用菌。姬松茸提取物中所含的甘露聚糖对肿瘤、肝病、糖尿病、痔疾等有较高的疗效。国家指定检测部门：姬松茸（巴西蘑菇）对人体各系统具有全方位医疗保健功效，可预防下列疾病：十二指肠溃疡、肝硬化、便秘、口腔炎、白血病、更年期综合征、肾炎、香港脚、湿疹、肩周炎、慢性鼻炎、流感等。姬松茸还能改善动脉硬化，防治中风，心肌梗死，另外对神经病有一定功效。

☞ 36. 食用了毒蘑菇会立即死亡吗？

我国的毒菌已知的约有83种，在所有毒菌中只有鹿花菌属于子囊菌类，其余82种均属于担子菌纲的伞菌目。这83种毒菌中，约有一半具有一般毒性，误食后中毒症状比较轻；有13种虽有一定毒性，但经加工去毒后仍可食用，如鹿花菌，其毒素含在孢子中，经太阳曝晒、水煮弃汤或水洗去净孢子后就是一种味美的食用菌；

约有 19 种食入量较大时才能引起严重中毒;只有 11 种属毒性毒菌,误食少许就可置人于死地。

食用毒蘑喉中毒类型大体可分为 4 种:肝损害型、肠胃炎型、神经精神型、溶血型。中毒后临床症状十分复杂,而且往往是综合病症,与食物中毒症状也十分相似,对人体健康伤害极大,所以食用野生菌时要十分谨慎。

☞ 37. 毒菇的利与弊有哪些?

弊:许多毒菌的外形与食用菌十分相似,容易将毒菌误作食用菌采收、出售,危及人的生命。要宣传食用菌和毒菌知识,以防止误采、误食毒菌。利:很多毒菌经过加工炮制后可入药,如麦角菌虽然有毒,却用于妇产科。在筛选抗癌药物方面,不少毒菌可能是强有力的候选者,如鹅膏菌毒素在生物学及医学上具有重要的作用;有的毒菌可用于除杀害虫。

☞ 38. 识别毒菌的正确方法是什么?

目前,没有一种简单而有效的方法鉴别毒菌。民间流传的识别毒菌的方法有:不生蛆、不生虫的菌类是毒菌;有腥味、辣味、臭味的菌类是毒菌;折断后断裂面变色的菌类是毒菌;使银器、大蒜变黑的菌类是毒菌;颜色艳丽好看的菌类是毒菌。但这些都是片面的。目前用生化检验法:毒菌中的毒素和某些特定化学试剂有时会发生变色反应,可检验某一类含特定毒素的毒菌,这种方法准确性较高,简单易操作,但一种方法只能检验一种毒素或一种毒菌。对于毒菌中的其他毒素或其他种毒菌则不能鉴别,只能作为辅助手段。正确的方法是根据毒菌的生物学特性,从分类学上认识毒菌的种类。

☞ 39. 食用菌在农业生态系统中的作用有哪些?

在农业生产过程中，作物光合作用制造的有机物质，仅 1/4～1/2 可被人类直接利用，剩余的秸秆部分，多数随处堆放腐烂或焚烧，这是一项惊人的浪费并造成环境污染。我国每年产秸秆约 5 亿吨，如果将其中的 1/10 用于栽培食用菌，按干重 3%的生物效率计，可产鲜菇约 1 500 万吨。栽培食用菌主要是利用富含纤维素的作物秸秆、皮壳以及工业副产物，如木糠、甘蔗渣、麻渣、木薯淀粉渣、废棉渣等作基质，原料十分丰富，取之不竭。秸秆等通过菌类分解转化，剩下的菌糠或废料，还可作为饲料、饵料和优质有机肥料，发展饲养业，增加土壤中的有机质，培肥地力，起到"化腐朽为神奇"的作用。所以，食用菌生产可使不堪人类直接食用的材料转化为菇品、能源或禽畜饲料，减少废物对环境的污染，可开拓一条农业物质良性循环和综合利用的途径。

☞ 40. 为什么说发展食用菌是振兴农村经济的优势产业?

调整农村产业结构，开辟农业增产农民增收的新途径和新领域，是新时期农业和农村经济工作的中心任务。在广大农村，人力与资源对发展食用菌具有极大的潜力，既不与农争地，又不需要大量资金，特别是经济欠发达地区，大有作为。事实证明，在我国部分地区食用菌已从昔日的"提篮小卖"发展为"支柱产业"。食用菌生产与工业生产相比，不需要建造特殊的基础设施，也不需要大型仪器设备，投资少，见效快，投入产出比较高，从种到第一茬菇采收，一般需要 30～80 d，草菇仅需 10～12 d，生产规模可大可小，生产者可以根据市场行情和自有条件灵活掌握生产规模，安排菇事。

种植蔬菜用的各种园艺设施以及空闲房舍都可以用来栽培食用菌。据统计全国食用菌年产值过亿元的县达18个，过千万元以上的县达96个。著名的“食用菌之乡”——福建古田县，已有2/3的农户直接从事食用菌产供销活动，有1 000多个万元户和10 000多个贫困户靠食用菌产业先后致富和脱贫。河南泌阳县通过发展食用菌生产，从1996年到2001年，财政收入每年以1 000万元的速度递增，农民人均纯收入由1992年的428元增加到1 678元，其中仅食用菌一项净增加500元。可见，在农村发展食用菌生产，是高效农业的基础，是开发农业的重点，也是振兴农村经济的优势产业之一。

41. 为什么说食用菌产业是节水型产业？

当今淡水资源的匮乏正威胁着人类社会的发展。许多有识之士对全球性淡水资源的状况充满忧患。我国人均水资源量为2 300 m^3，仅占世界人均水平的1/4，居世界第109位，是全球13个人均水资源最贫乏的国家之一。农业是用水大户，占总用水量的70%以上，因此，节约水资源的当务之急在于提高农业用水效率。生物性节水已成为研究重点并大有发展前途。据测算，生产1 kg粮食平均至少需水1 m^3，而生产1 kg食用菌干品平均需水约0.05 m^3。所以生产1 kg食用菌干品平均需水量相当于生产1 kg粮食用水量的5%，比生产粮食节水95%，2003年我国食用菌鲜品产量达1 038万吨，折合成干品约100万吨，比生产相同数量的粮食节水9.5亿立方米，相当于密云水库3年向北京市的输水量，等同于南水北调中线工程每年向北京市的输水量。可见食用菌生产可以大大节约宝贵的水资源。是典型的节水型产业。

☞ 42. 为什么说食用菌产业是循环型农业的重要组成?

自然界大多数食用菌菌丝体多生长在枯立木、段木、森林落叶层、草堆、粪堆等富含有机物的环境中,依靠菌丝体分泌的各种胞内酶和胞外酶,将死亡有机残体加以分解、同化,从中获得营养物质。相对于植物(光合产物的生产者)和动物包括人(消费者),食用菌等菌类是自然界中的分解者,许多野生珍贵食用菌属专性较强的共生性外生菌根菌,其子实体的发生极强地依赖于森林生态系统,其菌丝生长过程能增强树木对恶劣环境和病虫害的抵抗力,对森林的营造和保护具有重要的生态学意义。同时食用菌又是美味营养的菇蕈产品,其生产过程中剩下的菌糠或废料,还可作为饲料、饵料和优质有机肥料,发展饲养业,增加土壤中的有机质,培肥地力。因此,自然界和农业都赋予了食用菌业在农业生态循环中以重要的角色。

二、食用菌标准化生产的意义

☞ 43. 什么是食用菌标准化生产?

食用菌标准化生产是指从生产环境、原材料和投入品使用、品种应用、栽培工艺、技术环节、产品加工、储藏运输等各方面进行标准化管理,从而使产品达到优质安全的标准。其中,菌种的规范化和栽培技术的规范化是标准化生产的重要组成部分。在菌种标准化方面,一方面要选育优良、高产、抗性强、市场前景好的优良品种;另一方面要按菌种的质量技术标准严格制作,确保菌种质量。在栽培技术标准化方面,要通过改善培养室和出菇房的场地及设施条件、选择适宜的季节栽培、提高栽培技术水平、完善菇房管理措施、严格控制农药和化肥的使用、运用推荐的无公害农药品种防治病虫害、杜绝或减少农药残留等措施,进行标准化、规范化生产,确保食用菌产品优质、安全卫生,达到无公害产品的要求。有的可达到绿色食品或有机食品的要求。

☞ 44. 影响食用菌标准化生产的主要因素有哪些?

(1)传统作坊式生产不利于标准化的实施。目前在数量上占据多数的仍然是个体菇农的作坊式生产,生产分散、自主经营、规模小而全,技术含量低。每个生产者都要进行菌种扩大、蒸汽灭菌、菌体培养和出菇管理等一系列工作,生产中出现的问题各种各样,难以进行技术指导,产品质量难以保障。

（2）菌种市场尚不规范。目前我国食用菌菌种市场管理混乱，菌种知识产权保护还未制度化；菌种基础研究工作还较薄弱。品种选育和菌种特性的研究还欠深入。

（3）菌需物资及投入品不规范。近年我国菌需物质及投入品质量有了很大提高，总的情况是好的。但问题仍存在，有的厂家生产的菌袋没有达到要求的标准，袋薄，袋底缝口不严，或折叠处裂口，导致栽培袋污染严重。有的厂家生产的杀虫剂、杀菌剂或消毒剂没有毒性实验报告，或没有对防治对象的药效试验报告，容易造成环境污染，或者使用无效。

☞ 45. 为什么我国的菌种生产难以规范？

由于食用菌菌种容易无性繁殖，所以一个新品种出来后，很快就会被人制种，并作为新品种进行小范围推广。由于没有相关的标准，也就无从谈及品种保护，只有任它们被随意制种。而我国的食用菌产业主要分布在农村，中国有 2 000 万农民在从事食用菌种植。中国的一个县就有上百家制种厂，其生产上的混乱可想而知。由于整体素质较低，生产水平有限，现代农业根本无法在食用菌生产中体现。菌种生产也就难以规范了。

☞ 46. 为什么说食用菌产业呼唤标准化？

我国是世界食用菌生产大国，2002 年总产量达 867.5 万吨，占世界的 65%。然而，随着我国加入 WTO 和国际市场的激烈竞争，我国食用菌在国际市场上的状况却“每况愈下”。据海关提供的数据，我国食用菌出口由 1995 年的 30 万吨上升为 2000 年的 47.6 万吨和 2002 年的 38 万吨，换汇却分别为 9 亿美元、6 亿美元和 4.6 亿美元，平均吨价为 3 000 美元、1 255 美元和 1 213 美元，呈现明显下降趋势。造成当下状况的主要原因还是没有相关的行业标准。虽然目前农业部已经就食用菌产地环境、投入品以及菇类生产技术规程颁布有关标准,努力从源头上规范食用菌的生产。但是,完成这些标准的制定需要花费一笔数目不菲的资金。需要几年的时间。在我国针对各个不同菇类的标准还很少。我国的标准体系还不健全甚至落后。资料显示,目前仅在农药残留限量指标上,国际食品法典有 2 572 项,欧盟有 22 289 项,美国有 8 669 项,日本有 9 052 项,而我国国家标准、行业标准只有 484 项。国际市场从来就不考虑你是怎样一种境地,需要完善的终归是自己,标准化既是通向天堂的阶梯,也是通向地狱的滑道。在经过国际竞争规则的洗礼后,更多的中国食用菌产业会做出自己的选择。

☞47. 为什么说我国加入 WTO 后,食用菌产品的安全性更加重要?

日本、韩国等国是我国食用菌的主要进口国,但最近,日本等国出台了一系列政策限制我国食用菌向其市场出口,其中有不少涉及食品安全标准。加入 WTO 后,我国食用菌产品进入国际市场的大门敞开了,但门槛却没有降低,技术性贸易壁垒的制约作用更加明显,许多国家对我国包括食用菌在内的农产品的检测不仅由抽检变为批检,而且检测的标准进一步提高。这就要求我国广大的菇农必须严格地控制农药使用,生产过程严格按标准作业,才能达到出口的要求。食用菌标准化、无公害生产日显重要。

☞48. 为什么说实施标准化生产是发展我国食用菌生产的战略举措和主要途径?

食用菌产值在种植中仅次于粮、棉、油、果、菜居第六位。食用菌已成为我国农村经济中最具活力的新兴产业。

我国参加世贸组织后，食用菌在国际市场具有较大的竞争优势，一是价格优势。二是品种优势。但目前要把我国发展食用菌的资源优势、价格优势变成产业优势，促进我国食用菌行业的新发展，需要解决的突出问题是提高产品质量，由注重产品数量向注重产品质量转变。这就要大力推进食用菌标准化生产。目前，我国食用菌生产基本上分散在千家万户，生产规模小，条件差，设施简陋，科技含量低。这种生产方式很难保护质量和安全。加上我国食用菌生产标准滞后，检验监督制度不健全，致使一些产品药物残留及有害物质超标；在加工流通过程中，包装运输设施落后，市场交易和运输方式处于初级状态，往往造成污染。我国食用菌产品无论内在品质还是安全卫生标准，都与国际市场的需求存有较大的差距。加上我国参加 WTO 后有些国家设置技术性贸易壁垒，导致我国食用菌出口业绩下降，换汇减少。这些情况说明，提高食用菌质量，保证安全卫生，已成为发展我国食用菌生产，扩大出口贸易的关键举措。因此，必须把实施标准化生产，作为促进我国食用菌生产的重中之重，尽快建立完整的标准体系，建立严格的检验监督制度，使食用菌生产走上以提高质量和安全水平为主的轨道，迎接参加 WTO 的新挑战，提高在国际市场的竞争力，开辟我国食用菌产业的新局面。

☞ 49. 食用菌标准化生产的内涵和目标是什么？

标准化生产，要从菌种选择、操作方式、产品包装、营销手段配套地实施。包括：①食用菌产品生产环境的标准化；②投入品的标准化；③生产过程的标准化；④食用菌产品及其加工品的标准化；⑤食用菌产品及其加工的包装、贮藏、运输、营销的标准化。

根据中国食用菌协会实施食用菌标准化生产的意见，我国的目标是从 2003 年开始，力争用 5～8 年的时间，基本实现食用菌产品无公害生产。食用菌生产基地和生产、经营企业质量安全水平达到国家规定的标准。

☞50. 我国实现食用菌标准化目标的步骤分几步？

(1)2003—2005 年为试点示范阶段。选择若干品种及其集中产地和部分生产、经营企业作为示范点，推行标准化生产。作为示范点的生产基地和生产、经营企业要严格按有关标准和技术规范生产、加工，从菌种选育管理、水质、原材料、产中产后产品的检测化验都要达到国际同类产品标准，连同包装、运输、储藏(保鲜)、销售实现标准化生产。各示范点要不断总结标准化生产的经验，不断健全和完善标准化生产体系，逐步建立一套既符合本企业情况又能与国际接轨的食用菌产品标准化生产体系，为在食用菌行业推行标准化生产提供示范。

(2)2006—2010 年为推广普及阶段。在试验示范的基础上，分期分批创建一批食用菌无公害生产基地和标准化生产示范区。争取用 3～5 年的时间，创建若干个优质无公害食用菌生产基地和生产、经营企业，其主要产品按标准化组织生产，安全指标达到国家标准或行业标准要求，形成一批具有市场竞争力的食用菌生产加工企业和食用菌名牌产品。

☞51. 为什么要建立食用菌标准化生产示范基地？

标准化生产是发展我国食用菌产业的战略举措和提高食用菌产品质量的根本途径，也是增强市场竞争力和扩大食用菌产品出口的关键。实施标准化生产是一件十分艰难的工作，它涉及生产、加工、流通等多个环节和许多部门，又是一项非常复杂的系统工程。但实施标准化生产是形势发展的需要，任重道远、势在必行。为全面推进食用菌标准化生产的实施，促进食用菌产业的持续、稳定、健康发展，中国食用菌协会与政府相关部门，提出逐步建立一批食用菌标准化生产示范企业（包括食用菌基地县）。通过示范企业，取得经验，以点带面，为食用菌行业推行标准化生产提供示范。

☞52．如何进行标准化生产？

首先必须做好标准化体系的建设。在国家还没有出台食用菌质量系列标准之前，有关地方或企业可根据实际情况，先行制定地方标准和企业标准。各种质量标准的制定，要充分注意标准的先进性、可行性和与国际同类标准接轨等基本要求。

其次要完善食用菌质量标准的管理体系，健全有关规章制度，做到产品质量的全程管理和监控。科研技术部门要不断研发出食用菌产品检验检测先进的仪器、设备、技术和方法，提高检测的速度和准确性。

第三要建立食用菌质量标准的奖惩机制，全面实行市场准入制度，好菇卖好价，淘汰低劣产品，激发企业、生产者和经营者自觉搞好标准化生产，提高产品质量。生产者和企业自身重视这项工作，是落实标准化生产的关键环节。

食用菌生产各种质量标准的建设和实施是一个系统工程，有关部门、有关企业、有关生产者和经营者执行标准更为重要。有关政府部门和各级食用菌协会支持媒体做好宣传报道和舆论监督也是标准化实施的重要保证。

☞53．实施食用菌标准化生产的主要措施有哪些？

（1）强化源头管理，净化产地环境。采取有效措施加强对食用菌产品产地环境的监测，及时有效地防止生产环境污染，严格禁止使用未经处理的污水、废水，强化产品供水水质的管理。重点解决农药等农资投入品对生态环境和食用菌产品的污染。大力推广应用臭氧灭菌机、紫外线等物理方法进行消毒、灭菌、杀虫。加大食用菌生产环境的评估力度，确保源头净化，确保产地环境符合食用菌产品质量安全要求。对环境评估不符合要求的区域，坚决禁止食用菌生产。

(2)严格投入品的管理。抓紧制定农资投入品标准。对食用菌产品质量安全构成威胁的农药等投入品要尽快予以淘汰。

(3)加强产品质量全程监测。生产基地和各类加工企业，要严格执行食用菌卫生管理制度、栽培操作规程、技术标准、产品质量标准。严格按照标准组织生产和加工，科学合理使用农药、添加剂等投入品。为实现食用菌无公害生产，必须对食用菌产品质量安全严格地全过程管理，全面开展产地环境、生产过程和产品质量检测。产前要加强产地环境监测，同时要加大食用菌菌种生产和经营的监管力度，严格控制劣质菌种流入市场；产中要严格按照标准组织生产，从品种选用、用水、病虫害防治到产品收获都要按照标准化生产的有关规程进行操作；产后产品质量也要加强定期和不定期的检测，避免超标产品进入市场。有关单位要将产地环境、生产过程和产品质量的检测结果定期公布。

(4)加快质量标准体系建设。按照技术先进、符合市场需求和与国际标准接轨的要求，生产基地和生产、经营企业要尽快建立包括食用菌生产技术、加工、包装、储藏(保鲜)、运输等环节的质量标准体系。尤其要加快建立食用菌产地环境、生产技术规范和产品质量安全标准体系，并不断完善配套。各地和生产加工企业要根据实际情况，参照国际标准抓紧制定地方和企业的产品质量标准和栽培操作规程。生产经营者要逐步推行产品分级包装上市和产品标识制度，对包装上市的食用菌产品要标明产地和生产、经营者单位。逐步做到从产品生产、加工、包装、储藏(保鲜)、运输到市场销售的各个环节都应有产品质量卫生检验检测指标及合格证明，使食用菌生产、加工、流通的各环节都有统一的标准和技术规范。具有一定规模的生产、经营企业要采用先进的检验检测手段、技术和设备，建立严格的产品自检制度。各地各企业要逐步配备快速检测仪器设备，加强简便、快速、准确、经济的检验检测技术和设备的开发，进一步提高检验检测技术水平和能力。

(5)加大宣传力度。各地要加大对食用菌产品质量安全方面的有关政策、法规、标准、技术的宣传和培训，提高全行业产品质量安全意识，形成全社会关心、支持食用菌产品质量安全管理的氛围。

(6)组织实施。食用菌标准化生产要在当地政府的领导和主管部门的支持下组织实施。中国食用菌协会也将及时总结传播各地、各企业推进标准化生产的经验，加强与国家有关部委的沟通，争取支持帮助，并积极向国家有关部委推荐标准化生产搞得好的生产基地、生产和经营企业以及食用菌无公害名牌产品。

☞ 54. 标准化生产对企业发展有什么影响?

我国加入 WTO 后，对中国食用菌行业来说既是机遇也是挑战。中国食用菌行业与国际同行业相比还有一定的差距，中国的企业发展必须与国际接轨，迈出国门，走向国际，标准化生产是企业走出国门的必由之路。它规范了企业生产的每一个环节，保证了无公害产品的实现。它给企业以及周边农村都带来了实惠。

以生产白灵菇鲜品和罐头而知名的北京金信食用菌有限公司为例，该公司依据企业所涉及的各个职能部门的国家标准和行业标准，制定出适合本企业的《企业标准体系》，包括《技术标准体系》《管理标准体系》和《工作标准体系》三个系统。具体为产地环境标准、农用物资产品标准、生产技术及产品标准、安全卫生标准、检验检疫标准、销售标准等。在生产过程和加工过程中具体实施，通过科学管理，标准化生产，降低了生产成本。提高了菌袋成品率和商品菇率，公司已通过 ISO 9000 国际质量体系认证和 HACCP 国际食品安全认证。已同多个国家的代理商和国内 10 余个省的代理商签订了产销合同，产品供不应求，获得了明显的经济效益。公司还以优惠价格卖给农户菌袋，按标准化进行生产，产品大部分达到收购水平，既带动了周边农民致富，又保证了公司的产品来源，达到了双赢目的。

☞ 55. 如何制定企业食用菌生产标准体系？

企业标准是企业各方面管理的法规，综合管理能力的体现，是进行管理监督的依据和人员素质培训、教育的主要内容，是生产经营活动的准则。标准化生产要从生产环境、投入品使用、栽培管理技术、产品加工运输和市场流通等各环节来实现。只有了解国内外行业标准，才能制定出合理的企业标准。目前我国食用菌行业标准还比较少，正在制定之中，企业应根据具体情况严格制定。

具体为产地环境标准、农用物资产品标准、生产技术及产品标准、安全卫生标准、加工工艺标准、检验检疫标准、销售标准等。标准化生产，要求生产环境清洁、卫生，周围没有有声有毒物质，没有重金属残留物，生产用水达到标准水水平，拌料用水符合 GB 5749 规定；原料购进有记录存档，原材料按国家或行业标准要求检查验收；废菌棒及时处理加工成有机肥，既增加了效益又减少了环境污染。

按生产流程对生产各环节过程进行控制。在整个生产过程中不使用任何化肥，生产各环节都需要严格消毒，消毒时以物理消毒为主，化学消毒为辅，严格按《农药合理使用准则》操作，减少化学农药的使用量。

公司要制定出一个适合本企业的《企业标准体系》，并严格按照各项标准管理、操作、考核，贯彻执行企业各项标准，保证企业产品从生产到销售处于受控状态，生产过程各工序员对上一工序检查、验收签字，每一个环节出现问题能查到原因，这样才能确保无公害生产和产品质量，提高企业的社会经济效益。

☞ 56. 生产绿色食用菌的规范栽培技术是什么？

指生产过程不产生公害，不污染环境，产品无农药残留，符合国际卫生标准。其规范栽培技术如下。

（1）选用无农药残毒的培养基，对经常喷施农药的果树及用甲醛做防腐剂的地板所加工的锯末和农药残留量超标的棉籽皮要禁止使用。

（2）栽培料中重金属（铅、汞、铜、砷、镉、铬等）和某些化合物（氰化物、二氧化硫、杂醇油、黄曲霉素等）的含量，不符合卫生标准的，禁止使用。

（3）所用水质要符合饮用水的标准。

（4）配制培养基时不准添加多菌灵、甲基托布津等农药。接菌室、培养室及土壤消毒也不准使用甲醛等做消毒剂。

（5）对于病虫害的防治，以预防为主，发现病虫害要采用生物农药和控制温度、湿度、通风等生态方法进行防治，严禁使用1605、1059、六六六、汞制剂、砷制剂等高残毒和剧毒农药。

（6）盐渍过程中不加防腐剂，包装、贮存、运输必须符合卫生要求。

三、食用菌工厂化生产

☞ 57. 食用菌工厂化生产的原理和定义是什么?

其原理就是利用空调设备及有关温湿度及光照等自动测控装置在类似于冷库的食用菌生长车间内,通过对生长车间内的温度、湿度、通风、光照等环境条件的测控和调节来形成一种最适合于食用菌生长的环境条件。食用菌工厂化生产就是通过食用菌栽培机械化的逐步发展,构成一整套完整的生产体系,实现食用菌周年栽培。

☞ 58. 为什么说食用菌工厂化生产是历史的必由之路?

改革开放以来,我国食用菌产业有了快速发展,已成为世界第一大生产国,但还不是食用菌强国。如何把我国食用菌产业"做大、做强"已成为摆在食用菌产业面前刻不容缓的大事。中国加入WTO以来的事实表明,我国的食用菌生产必须尽快改变家庭作坊式小生产的状况,迅速向规范化、标准化、规模化、产业化、现代化生产转变。工厂化设施栽培是社会发展的必然要求,面对着超市、酒楼、宾馆等中高档消费群体,为了保证连续周年供应,只能走工厂化设施栽培的道路。人们越来越重视产品的品牌,农副产品也是这样,国内市场是这样,国际市场更是这样。国内已开始实行市场准入制,吃的产品进展更快。事实证明,谁行动得快,谁就能争取到主动,落后就要挨打,甚至被无情地淘汰。机械化、工厂化生产并不神秘，并不是高不可攀，只要转变观念，加上积极努力，是完全可以实现的。机械化、工厂化生产是中国食用菌产业发展的必由之路。

☞ 59. 食用菌工厂化生产形成的背景是什么?

食用菌以其营养丰富、药用保健、绿色环保的特点，受到世界各国消费者的欢迎。随着人民生活水平的提高，食用菌鲜品周年供应的需求旺盛，多品种、多季节、高质量的鲜菇供应就成为市场竞争的必要手段，依靠自然的栽培季节和古老的栽培方式以及简陋的设备，已经不能适应市场的需要，食用菌生产的产业化和工厂化开始发展。同时相关领域的技术发展也足以支持食用菌的工厂化的厂房设备，如空调、暖气、照明以及加工设备等。

☞ 60. 食用菌工厂化、产业化生产的优势有哪些?

(1)食用菌工厂化生产有利于形成企业化管理和标准化生产，从而可以实现符合国际标准的食用菌无公害生产和加工。

(2)通过工厂化生产和采用先进的装备，来人工设置食用菌生长的最佳环境，不仅可以缩短食用菌生长的周期，而且可以大大提高食用菌生产的效率和质量，更有利于食用菌新品种的引进与规模化生产。

(3)可以在食用菌常规生产的淡季甚至常年来生产食用菌，从而可以像反季节蔬菜一样大大提升食用菌鲜品的价格。

(4)由于生产效率高，可节约大量的人工工作量和劳动强度。尤其对于大城市和沿海发达地区，由于人工劳动费用高，采用工厂化生产可大大降低食用菌生产的成本。

(5)由于单位面积产量高,因此可以节约大量的土地,更符合现代农业发展的方向。

(6)工厂化栽培的菇类产品增加了市场竞争力,有利于创出名牌,打入国内外市场,提高经济效益和社会效益。

☞61.食用菌工厂化生产的基本模式是什么?

实现食用菌工厂化、产业化对生产体制的要求应该是"科技+公司+基地+农户"的运行模式。因为个体农户在资金、技术等方面难以承担工厂化的生产运营方式,工厂化生产要求自己搞好生产,搞好经营,创出名优产品,提高产品市场占有率,提高企业的经济效益。"科技+公司+基地+农户"的运行模式也是我国未来食用菌产业发展的必然模式。

☞62.食用菌工厂化生产必须具备的条件有哪些?

食用菌工厂化生产过程中必须具备稳定的消费市场、适销对路的菇种、可靠的设施与设备。工厂化运营中要建立与实施有效的工厂化生产技术体系,准确定位并建立与之相适应的工厂化管理体制,保证企业良性运行。

☞63.如何建立与实施有效的工厂化生产技术体系?

能够达到高品质生产并与设施设备相配套的工厂化技术体系是食用菌工厂化生产成功的基本保证。技术体系是由单项技术所组成,但单项技术的选用往往离不开技术体系整体作用的制约。例如,菌棒的生产要一定的时间和温度,如何与出菇车间紧密的衔接,并与产品的输出相呼应。从这不难看出,各种技术措施之间也同样会产生交互作用,技术体系组成得好,既能充分发挥各个技术环节的作用,也能保证技术体系整体作用的形成,这样,不仅为培育质量过硬的菌棒创造了有利条件,而且可能将与技术捆绑一起的资金投入下降,建立有效的工厂化生产技术体系需要在实践中验证和改进。

技术体系的"实施"是非常重要的。实施过程中认真负责的精神和丰富的实践经验是最重要的。

☞ 64. 如何准确定位并建立与之相适应的工厂化管理体制,保证企业良性运行?

食用菌工厂化栽培最好是采用股份制,才有生存和发展的可能。首先应对体制形式、产权的归属、技术、资金等制定合理的股份比例协商一致,使"产权多元化"。并就具体的分工等给予明确,制定切实可行的约束机制,按章办事,形成有效的监督机制。

现代企业的管理是企业正常生产运行的基本保证。由于企业的定位不同,在管理方式方法上也有差异。为了加快食用菌产业的发展速度,应该是建立起"不同规模,不同体制,不同特色"的食用菌产业体系,大、中、小企业同时发展,以大型为龙头,以中、小型为主;股份、联合、合作、独资等多种体制并用,以联合为基础,以股份制为主;科研、生产结合型,菌类产品综合开发型,多种经营型等不同特色的产业并举,但为了适应市场竞争的需要,提倡科研、生产、开发及人才培养为一体的体制,有利于将产业越做越大,越做越好。依据具体情况准确定位,选准食用菌产业的规模、体制及特色,并以此确定企业的管理模式以及相应的管理方法。

在此基础上必须实行现代企业管理,否则,企业缺乏活力,生产不能发展，难以适应市场经济的冲击，最终必定垮台。

管理者、法人代表也要尽快成为明白人，才能够有的放矢地进行管理。管理中应抓住彻底灭菌和规范化接种，降低污染率是企业的生产核心所在。

☞ 65. 食用菌工厂化生产对技术的要求有哪些?

食用菌工厂化生产实质上是现代农业科学和现代工业技术强势结合，孕育生成的一种复合生产体系。现代农业科技是基础，它所做的首要工作是在研究和揭示菌物生理生态规律的基础上，建立生产模式并为工业技术配套提供科学依据。同时食用菌工厂化生产必须依托现代工业技术的武装，采用移植和嫁接的方式，把众多工业领域的高新技术和成熟技术引入到食用菌生产过程。例如生物技术、电子技术、自动化技术、信息技术、化学技术、新材料技术乃至航天技术等大批高新技术成果都可以在食用菌工厂化这个平台上组装应用，实现食用菌栽培的全天候作业、周年化生产、反季节供应。十几倍甚至数十倍地提高劳动生产率。

☞ 66. 食用菌工厂化生产的技术定位是什么?

技术定位是指工厂化食用菌生产体系建立所处于的水平层次。在我国目前的条件下，生产技术体系可以大致分为三个水平层次。

(1)完全控制的精准农业技术水平。除了完全采用机械化(自动化)的方式进行整个食用菌生产工艺流程的技术操作外，整个工厂的环境是完全可控的，也就是说，完全可以按照制定的技术规范要求控制生产环境。日产鲜菇一般在 2～5 t，最高可达 10 t，产量、质量非常稳定。近些年来，日本、中国台湾等在我国建立的食用菌基地以及我国从国外引进的设施、设备建立的几个大型食用菌厂基本上属于或靠近这个水平。目前仅金针菇和极个别品种的生产工艺发展成熟,局限性较大。

(2)部分控制的标准化农业技术水平。一部分生产环境可控,另外的环境因子基本上依靠人工调控,根据生产规模不同部分关键生产环节采用机械化操作。这种生产层次的最大优点是一次性投入较小,设备投入仅百万元左右,每日电耗不过几十千瓦时,可以达到日产数以吨计的规模,品种无特殊限制,基本可实现周年产菇。资金回收期较短,在劳力比较充足且价格很低的我国是食用菌产业化生产发展的较佳生产方式。

(3)基本上依靠人工控制的规范化农业技术水平。由于市场对菌类产品的需求与价格的引力,由个体户和大户自建或联合建立食用菌厂,在这种情况下,上述两种生产水平的投入力度都难以被接受,只能依靠各自现有的机械水平辅助以人工操作,通过一定的规模提高劳动效率。这种生产方式与个体农户小本经营不同,他们能接受先进的生产技术并比较严格地执行,完全按规范操作,加上高度的责任心,也能生产出满足市场要求的优良产品。其最大的优点是投入小,当年可能得到较好的效益。但从长远考虑,这种层次的生产方式的竞争力较小,生产也不够稳定,或者不断发展提高,达到第二层次的水平,或者被以上两种方式兼并或挤垮。可以认为,这是在食用菌产业化生产发展初期的一种过渡方式。

☞ 67. 工厂化食用菌生产需要哪些技术做保障?

(1)设施、设备的保障。能够随时根据天气变化、设施内菇体发育的状况及时对设备进行调整,出现故障能明确判断及临时应急处理。要在生产实践中不断去发现新问题，及时给予解决。

(2)技术人员的保障。必须有一支强有力的技术队伍，应该根据需要设岗，定人，使得每人到位，人人在岗，上下系统，层次分明。特别指出的是，必须设有懂行而力量较强的人员担任生产与市场部门的负责人。从纵向来看，技术队伍中主管技术的副总是很重要的岗位，下面要有若干名分管(车间负责人)，再往下就是生产班(组)。从横向来看，还应设有研究室，下设试验室及少数研究人员，同时还应虚设技术委员会，讨论厂内有关技术方面的重大问题。

(3)政策规章制度的保障。工厂化设施栽培企业应先将章程制定完善，根据章程办事，增加透明度。在具体操作过程牵涉到多方面协调的问题，根据各人长处，合理分工，各负其职，既要互相通气，又要相互信任，经营透明度是核心。

☞ 68. 食用菌工厂化生产所需的硬件和软件是什么?

(1)硬件部分。食用菌工厂化生产的硬件是指构成企业生产经营运作系统主体框架的物质基础。工厂化生产成套设备包括自动装瓶机、自动挖瓶机、自动搔菌流水线、自动接种机、自动装袋机、蘑菇灭菌器等。

(2)软件部分。工厂化生产的软件是指支持和监控企业生产经营运作系统运行的要素，包括组织机构管理体系、控制方式等。食用菌工厂化生产企业要注意建厂的同时抓建制，逐步形成一套既吸取大工业严密组织、严格管理，又适合农业生产特点的管理模式。在产品标准化、工作标准化、管理标准化方面多下工夫。

☞69．食用菌工厂化生产基本的工艺流程是什么？

建立一个稳定、规模适度和低成本的工厂化工艺流程十分重要。对于一流设备装备的食用菌工厂，如金针菇厂，其工艺流程已较成熟。而对于选择引进关键技术、关键设备，其他则采取自行研制和国产化配套方式解决装备的食用菌工厂，其生产工艺流程都在不断地摸索之中，对于不同的菌类所采用的工艺流程也有不同。

采用机械生产木腐型食用菌最基本的工艺流程是：备料、配料、搅料、装袋（瓶）、打眼、灭菌、接种、培养、采收、干燥、包装贮藏或深加工。生产上依据不同的菇种还会有所变化。

☞70．食用菌工厂化生产的关键技术是什么？

环境设施与控制是食用菌工厂化生产最为关键的技术，以此形成菌物生长的生命支持系统。掌握它的系统特点对于指导工厂化建设有着十分重要的意义。食用菌工厂化生产的环境系统既是一个受自然规律制约的人工仿真系统，又是一个人类驯化了的自然生态系统。在工厂化生产采用高密度、立体化栽培的情况下，怎样使人工设施的影响能够均衡照顾每个生物个体，是值得人们大费心思的。要提高工厂化的生产水平就要提高对环境设施的控制水平。

工厂化食用菌栽培在厂房设计、环境调控、消毒等环节都将比个体菇农的作坊式生产有显著的改善，但是，一旦有消毒灭菌没有做到位的地方，那么所造成的损失将是成批量的、大规模的，很多时候不可挽回，所以工厂化生产的过程中必须严格按操作规程和卫生防疫制度进行，这也是工厂化生产成功的关键所在。

☞ 71. 什么是“菌包”栽培？有什么优点？

把直接用于出售的，已发好菌的食用菌栽培袋称作“菌包”或菌袋。菌包的出现使得食用菌生产变得更简单、更安全。菇农购买后只要进行出菇管理就可以了，技术单一，易学，深受广大群众欢迎。

四、食用菌学基本知识

☞72．什么是食用菌？食用菌的种类和分类情况怎样？

食用菌是高等真菌中能形成大型的肉质（或胶质）子实体或菌核组织并可供食用的菌类总称。

目前，世界上已被描述的真菌达12万余种，能形成大型子实体或菌核组织的达6 000余种，可供食用的有2 000余种。目前能大面积人工栽培的只有40～50种。食用菌在分类上属于菌物界真菌门，绝大多数属于担子菌亚门（如平菇、香菇等），少数属于子囊菌亚门（如羊肚菌）。我国食用菌资源十分丰富，据卯晓岚（1988）统计，我国已知的食用菌约657种，它们分属于41个科132个属，其中担子菌620种（占94.4%），子囊菌39种（占5.6%）。2000年统计我国的食用菌达938种，人工栽培的50余种。

☞73．食用菌是如何繁殖的？

在自然界，菇类是以孢子为繁殖体，而以菌丝体或休眠体越冬。在环境适宜时，菌丝可以从周围基质中吸取营养，年复一年地产生子实体，并释放孢子，这种繁殖称为有性繁殖。在条件不适宜时，菌丝死亡或产生无性孢子，或以休眠体度过不良环境，到条件适合时再恢复生长，这种繁殖称为无性繁殖。食用菌的生活史是由有性繁殖和无性繁殖两个部分组成的。

☞74. 菌丝体的作用是什么?

食用菌的孢子萌发形成管状的丝状体,称为菌丝。菌丝在基质内生长、蔓延、伸展、反复分枝、互相交织形成一个群体,称为菌丝体。每一段生活菌丝都具有潜在分生能力,均可发育成新的菌丝体。食用菌生产所使用的"菌种",就是菇类的菌丝体。其主要功能是从死亡的有机质中分解、吸收、转运养分,以满足菌丝增殖和子实体生长发育的需要。在食用菌生产中,菌丝体质量的好坏,对是否出菇、产量高低、品质好坏起决定性作用。

☞75. 子实体是如何形成的?

子实体形成发育经过菌丝集结、原基形成、菇蕾分化及子实体生长成熟4个发育阶段。双核菌丝达到生理成熟后,开始扭结形成子实体,这种组织化的菌丝被称为结实性菌丝或三次菌丝,其实质仍是经过性结合的双核菌丝,因此,切取子实体上任何一部分组织,都能分离纯菌种。总之,食用菌子实体形成的条件有两个:一是菌丝体达到生理成熟,即内因;二是需要一定的环境条件,即外因。

☞76. 子实体由哪几个部分组成?

(1)菌盖。是成熟子实体的主体部分,其主要作用是对菌褶的保护。

(2)菌褶。大多数位于菌盖的下部,片状排列或呈多孔状密布,是着生担子的部位,担子才是真正的繁殖器官,其顶部产生

2～4个担孢子，担孢子成熟后从担子上脱落并弹射到空气中。

(3)菌柄。起营养运输及对整个子实体的支撑作用。

(4)菌托。菌柄与菌丝体及生长基质连接的地方，有时附带着子实体外保护层的残留物，称为菌托。有的品种无此结构，或不明显。

(5)菌环。有的种类在子实体幼小时，菌盖的下部被一层薄膜(内菌幕)所覆盖，保护年幼的菌褶不暴露，内菌幕逐渐破裂，脱落，在菌柄上残留下一个环状结构叫做菌环。不是所有种类都有菌环。

☞77. 什么叫原基？

原基是子实体的原始体或者说胚胎期，一般呈颗粒状或针头状，其进一步发育就成为菌蕾或幼菇。原基的形成，标志着菌丝体已由营养生长阶段，进入生殖生长阶段。当大量繁殖的营养菌丝遇到适宜的光线、温度、湿度等物理条件和机械刺激，以及培养基的生化变化等诱导时，就形成了原基。只有那些处于生长优势条件下的原基，才能发育成成熟的子实体。

☞78. 什么是食用菌的生活史？

即生活周期，由两个不同性别的担孢子分别萌发形成两条不同性别的单核菌丝，单核菌丝之间发生质配与核配形成双核菌丝，双核菌丝进一步生长，成熟扭结，形成子实体原基，子实体原基进一步生长分化形成子实体，在子实体内部产生担子，在担子上形成担孢子，担孢子成熟后从担子上脱落并弹射到空气中，遇到适宜条件又将萌发成单核菌丝。

☞79. 食用菌的营养方式有哪几种类型?

(1)腐生性食用菌。即依靠菌丝体分泌各种胞内酶和胞外酶,将死亡有机残体加以分解、同化,从中获得营养物质的菌类。包括粪草腐生菌,如双孢蘑菇、草菇等。木腐菌类,如香菇、侧耳、木耳、金针菇、灵芝等。

(2)共生性食用菌。不能独立在枯枝、腐木上生长,必须和其他生物形成相互依赖的共生关系。如菌根菌,大多数森林食用菌为菌根菌。如松口蘑、松乳菇、大红菇、美味牛肝菌等。

(3)寄生性食用菌。是指完全寄生在生活寄主上,从活的寄主细胞中吸取养分。如蜜环菌,虫草菌中的冬虫夏草等。

☞80. 食用菌生长对营养物质有何要求?

大多数食用菌为腐生型真菌,它们不能像绿色植物那样直接利用无机物,同时利用阳光的能量生长,而只能靠分解及氧化有机物汲取自身生长所需的营养及能量。食用菌的生长可分为发菌阶段和出菇阶段。不同的生长阶段,对营养条件的要求有所不同,一般来说,菌丝体生长阶段培养基中氮素含量相对高些,子实体发育阶段培养基中氮素含量相对低些。因此,对于不同的阶段培养基中添加的营养成分应有所不同,比如菌种保藏和菌种生产中培养基的氮源要多加一些,这样一方面有利于菌丝体的生长发育,另一方面可有效地防止在菌种上过早出菇的现象发生;而在出菇生产栽培料的配方中氮源成分应相对减少,这样有利于出菇。

☞81. 为什么在配制培养基时需加入蔗糖、葡萄糖等一些简单糖类?

加入葡萄糖等简单糖类，能诱导胞外酶的产生，而纤维素、半纤维素、淀粉等大分子化合物，需经菌丝细胞产生的胞外酶分解成糖后，才能被吸收利用。糖的加入浓度以0.5%～5%为宜。

☞82. 什么是食用菌生产中的碳源?

与绿色植物不同，真菌不能直接以CO_2作为碳源来合成有机物，它只能以有机物作为碳源，如葡萄糖、蔗糖、麦芽糖等单糖和双糖，淀粉、纤维素、半纤维素、木质素等多糖物质。除葡萄糖能直接被菌丝细胞吸收利用外，其他必须通过菌丝分泌的胞外酶水解成单糖后才能吸收利用。

☞83. 什么是食用菌生产中的氮源?

可供食用菌利用的氮源以有机氮为最佳，如蛋白胨、酵母浸出汁，以及麸皮、米糠等。在天然栽培基质如棉子壳、锯末、植物秸秆中也含有一些可供食用菌吸收利用的氮源，但是含量不够，需要添加麸皮、米糠等含氮量较高的材料，一些特殊品种还需要额外添加蛋白胨、酵母浸出汁等工业制剂。无机氮及小分子有机氮如各种含氮化肥，在微生物的作用下容易产生氨气抑制菌丝生长，因此除非特殊需求不要往栽培基质中添加，但必要时可作为追肥喷施。

☞84. 何为培养基的碳、氮比(C/N)?

指培养基及栽培基质中碳源和氮源的比例。培养基中碳、氮源浓度要有适当的比值,在营养生长阶段,该比值以 20∶1 为好,进入生殖生长阶段后碳、氮比以(30～40)∶1 为宜,碳、氮比值过大,会抑制原基分化。以平菇为例菌丝体生长阶段的碳、氮比为 20∶1 最好,子实体发育阶段的碳、氮比为 40∶1 最佳。人工栽培食用菌时,应注意调节基质中碳源量与氮源量,满足菌丝生长发育对碳、氮比的要求。一般菌丝能同化的碳源量,约为培养料中碳源的 30%,而要同化这 30%的碳源,同时还需要同化 3%的氮源,相当于同化碳源(30%)的 10%。

☞85. 为什么配制培养基时需加入维生素?

维生素和核酸碱基用量甚微,但对食用菌生长发育生长有重要影响。食用菌一般不能合成核黄素(维生素 B_1),核黄素缺乏时,生长发育受阻,需外源加入,浓度为 0.01～0.1 mg/L。在马铃薯、酵母、麦芽、豆芽、麦麸、米糠等材料中含量丰富,一般不必添加。核苷和核苷酸及 α-萘乙酸、三十烷醇等对生长发育有促进作用。

☞86. 无机盐类在食用菌生产中的作用是什么?

无机盐是食用菌生长发育所不可缺少的营养物质,其主要功能是:构成细胞成分,作为酶的组分维持酶的作用,调节细胞渗透压。一般需加入的无机盐为:石膏(1%～3%)、碳酸钙(1%～2%)、过磷酸钙(1%～1.5%)、硫酸镁(0.5%～1%)、草木灰等。

☞87. 食用菌对培养料水分和空气相对湿度有什么样的要求？

(1)一般来说食用菌生长所需水分大部分来自培养基，配制培养基时水分应加足，含量大多为60%～70%(占湿料比值)。

(2)空气相对湿度是指空气中水蒸气的百分含量，食用菌的生长需维持一定的空气相对湿度，一般菌丝生长阶段应为60%～70%，子实体生长阶段为85%～95%。

☞88. 含水量对菌丝生长有何影响？

水分既是菌丝生长所必需的环境条件，同时又是生物细胞的主要组成成分，因此基质中恰当的含水量对菌丝体生长及子实体发育是十分重要的。

(1)基质中含水量过低，菌丝体对基质的分解及营养的吸收不利，使菌丝衰弱，会严重影响出菇产量。

(2)基质中含水量过高，会使下面菌丝体缺氧而停止吃料，造成原料的浪费，同时表面菌丝徒长，料面积水而使菌丝自溶导致杂菌污染。

(3)大多数种类要求基质含水量在65%左右，而香菇则要求为51%～55%，侧耳类品种有时可掌握在65%～70%。

☞89. 子实体所需的水分来自何方？

在营养菌丝生长阶段，基质的含水量对菌丝的生长至关重要，但是，到了子实体生长发育阶段则完全或部分暴露在外部环境中，因此空气的含水量，即空气湿度就成了主要的影响因素之一。

☞ 90. 空气湿度对于子实体有何影响?

(1)空气湿度过低会加速子实体表面的水分蒸发,而子实体所蒸发的水分则主要来源于基质内的菌丝体,结果会导致基质内水分的大量流失而影响产量,甚至使子实体原基干枯而死。

(2)水分蒸发是由菌丝体向子实体运输营养的原动力,如果空气湿度过高,就会使子实体表面水分停止蒸发,使营养运输受阻,同时呼吸作用受到抑制,造成子实体停止生长.

(3)长期空气湿度过高,还会造成子实体从空气中倒吸水分,形成水浸样腐烂,招致线虫及细菌的滋生和大范围传染。

(4)保持适当的空气湿度是十分重要的,大多数品种在出菇阶段要求空气相对湿度为80%～95%。

☞ 91. 食用菌生长发育对温度的需求特点是什么?

温度是影响食用菌生长发育和自然分布的最重要因素。在人工栽培中,温度直接影响各个生长阶段的进程,决定生产周期的长短,也是食用菌产品质量和产量决定性因素之一。

(1)不同种类的食用菌或同一种食用菌的不同品系及不同的生长发育阶段,对温度的要求不尽相同。为了培育健壮菌丝体,常把发菌温度控制在略低于生理最适温度2～5℃的范围内,即“协调最适温度”下培养,虽然菌丝生长速度略慢,但菌丝长的健壮、浓密、旺盛。

(2)即使同一个品种其菌丝体阶段与子实体阶段也是不同的,一般来说,子实体阶段的最适温度要低于菌丝体阶段。

(3)根据子实体分化形成的适宜温度范围不同,可将食用菌分为低温型、中温型和高温型。

☞ 92．食用菌生产中如何划分高、中、低温型品系？

(1)低温型：在较低的温度下菌丝才能分化形成子实体，最适温度20℃以下，最高不超过24℃，如香菇、金针菇、双孢蘑菇、紫孢平菇、羊肚菌、猴头菌等。

(2)中温型：子实体分化的适宜温度20～24℃，最高不超过28℃，如白木耳、黑木耳、榆黄蘑、大肥菇等。

(3)高温型：子实体分化要在较高的温度下，最适温度24～28℃，最高可达40℃左右。如草菇、凤尾菇、鲍鱼菇等。

同时还有中温偏低、中温偏高和广温型品种。

☞ 93．食用菌生产中如何划分恒温结实型和变温结实型？

不同品种在子实体形成期间对温度变化的反应也各不相同，根据这一点又可以把食用菌分成以下两大类型。

(1)恒温结实型：保持一定的恒温可以形成子实体，如金针菇、双孢蘑菇、黑木耳、草菇、猴头菇等。

(2)变温结实型：保持恒温不形成子实体，变温时才形成子实体(需要温差刺激)。如香菇、平菇、紫孢平菇、阿魏侧耳(白灵菇)等。

☞ 94．食用菌生长发育对通气条件要求如何？

(1)食用菌属好氧型微生物，它要靠对基质内有机物的氧化来提供其生长发育所需的能量，基质内缺氧会使菌丝体的呼吸作用受到抑制，造成菌丝体生长缓慢、衰弱，甚至停止生长，严重的会因窒息而死亡；子实体阶段缺氧，会造成子实体畸形，影响商品价值。

无论是菌丝体生长还是子实体发育，都需要充足的氧气。

(2)食用菌的呼吸作用也是消耗空气中的氧气，放出CO_2。适量的CO_2浓度对某些种类的菌丝体生长有刺激促进作用，但是过多CO_2的积累会抑制菌丝体生长，甚至完全停止生长，高浓度CO_2长时间作用还会导致菌丝体窒息死亡。子实体阶段对CO_2更为敏感，主要表现在抑制菌盖分化，菌柄过长，降低成品等级。因此，需要经常地对菇房空间进行通风换气，排除CO_2，保持空气新鲜。

☞ 95. 培养料的酸碱度对菌丝生长有何影响?

不同的品种的食用菌生长适应不同的pH范围，这是由品种自身在生理代谢过程中的产酸能力和它的生物酶活性范围决定的。主要影响有：①培养料的酸碱度直接影响菌丝细胞内酶的活性。②培养料的酸碱度能改变菌丝细胞膜透性。③培养料的酸碱度影响菌丝对金属离子的吸收能力。

☞ 96. 如何调节培养料的pH?

一般木腐菌类和共生菌类及寄生菌类食用菌大多喜欢在偏酸性的环境中生长，虽然培养基的pH在灭菌或堆制时要下降，菌丝体在新陈代谢中会产生有机酸(如醋酸、琥珀酸、草酸等)，但它们会使培养基过于偏酸，所以培养料配制时，仍要加入少量的磷酸氢二钾、磷酸二氢钾、碳酸钙、石灰等；粪草类食用菌喜欢在偏碱性的基质中生长，适宜菌丝生长的$pH<7.0$时菌丝生长受阻，$pH>9.0$时生长停止，所以配制培养基时应加入更多的石灰。

☞ 97. 人工栽培食用菌配料时，料内的 pH 为什么要比最适 pH 偏高些？

因为培养基的 pH 在灭菌或堆制时要下降；菌丝体在新陈代谢中会产生有机酸（如醋酸、琥珀酸、草酸等）；生产上加磷酸氢二钾、磷酸二氢钾、碳酸钙、石灰等也影响 pH，因此料内的 pH 应比最适 pH 偏高些。

☞ 98. 光照对食用菌生长发育有什么作用？

食用菌在菌丝体生长发育阶段不需要光线，而大部分品种在出菇阶段（即子实体形成阶段）则需要散射光刺激。光照在子实体形成过程中的原基形成、原基分化、核融合及减数分裂等阶段起着重要作用。少部分品种需要有较强的散射光，才能使子实体原基分化，如白灵菇、灵芝等；极少部分品种在完全黑暗的环境中也能形成子实体；子实体的颜色也与光线强度有密切关系，一般来说，光线强，子实体颜色较深；光线弱，子实体颜色浅。

五、食用菌菌种制作与保藏技术

☞ 99．生产食用菌菌种需要哪些物质条件？

食用菌的菌种是用人工的方法纯培养而得到的。根据生产的需要制备不同的菌种，菌种必须在无菌条件下进行分离、转接、培养、保藏，才能保证质量。要求设立实验室、配料室、灭菌室、无菌室、培养室及配备相应的仪器、药物。

☞ 100．生产食用菌菌种的实验室应常备哪些物品？

实验室应有工作台、药物架、斜面架、显微镜、载玻片、盖玻片、恒温箱、冰箱、温度计、洗手池、水、电、乳酸、石炭酸液等。

☞ 101．生产食用菌菌种的配料室应常备哪些物品？

配料室应备有药剂架、天平、三角瓶（50 mL、100 mL、200 mL、500 mL）、量筒（10 mL、100 mL、500 mL、1 000 mL）、烧杯（100 mL、500 mL、1 000 mL）、培养皿（9～10 cm）、试管（17.0 cm×1.8 cm）、分液漏斗、搪瓷盆（30 cm×40 cm）、铝锅、电炉、菌种瓶（750 mL）、棉花（普通或脱脂）、试管架、聚丙烯塑料袋（10 cm×38 cm、16.5 cm×38 cm、9 cm×18 cm）、酸度计、pH 试纸、5％盐酸液、10％氢氧化钠、玻璃棒等物及水、电。

☞ 102. 生产食用菌菌种的灭菌室应常备哪些物品?

灭菌室应有手提式高压蒸汽灭菌锅,3 000 L、7 000 L 的高压蒸汽灭菌锅,水、电等。

☞ 103. 生产食用菌菌种的无菌室应常备哪些物品?

无菌室应有接种箱或超净工作台、酒精灯、接种环、接种针、接种钩、接种铲、解剖刀、镊子、高锰酸钾、次氯酸钠、甲醛、苯酚、新洁尔灭、紫外灯及水、电。

☞ 104. 生产食用菌菌种的培养室应常备哪些设备?

培养室应有抽风机、电炉、空调(或暖气)、紫外灯、孢子收集器或口径 30 cm 的玻璃漏斗。

☞ 105. 生产食用菌菌种常用的药品有哪些?

制作菌种常用物品有:蛋白胨、酵母膏、维生素 B_1、硫酸镁、硝酸钙、碳酸钙、磷酸二氢钾、磷酸氢二钾、葡萄糖、蔗糖、麦芽糖、马铃薯、玉米粉、麦粒、麸皮、米糠、碎稻草、阔叶树木屑、琼脂等。

☞ 106. 为什么要人工选育食用菌菌种?

食用菌的遗传性相对是稳定的,但是食用菌的变异又是非常普遍的。食用菌的变异是环境条件(如营养、光照、水分、温度等)引起的,而这些变异往往是暂时的,只有通过基因的突变才能获得永久的、可遗传的变异。人们致力寻找食用菌中自然发生的或经人工诱变而产生的有益于人类的变异，并想办法把这些变异稳定下来，就能得到新菌种。

107. 人工选育食用菌菌种有哪些方法？

主要有人工选择、杂交育种、诱变育种、遗传工程四种方法。

108. 如何利用人工选择法进行食用菌菌种的选育？

人工选择是有目的地选择并累积自发的、有益的、变异的过程。首先要确定选种目标，扩大采集范围，尽可能收集足够的、有代表性的菌株。食用菌的菇（或耳）采到后，尽快进行组织分离或单孢分离取得纯种。得到的纯种要进行生理性能测定。把选出的菌株进行品比试验，再进行扩大试验，然后才能推广使用。

109. 如何利用杂交育种法进行食用菌菌种的选育？

杂交育种是一种遗传物质在细胞水平上的重组过程。因为食用菌能产生有性孢子，所以能通过有性杂交育种，从而获得具双亲优良性状的新品种。杂交育种中通常通过单核菌丝配对的方式产生新的子代，也有单核与双核菌丝配对的。杂交后得到的杂合异核菌丝体要经过是否真正双核菌丝体或具锁状联合菌丝体来鉴定。

110. 如何利用诱变育种法进行食用菌菌种的选育？

利用物理或化学因素处理细胞群体，激发其中少数细胞的遗传物质发生变异，从中选出具有优良性状的菌株。紫外线、X射线等都是常用的诱变剂，还有常用的化学剂如氯芥、2-氨基嘌呤等。选用对诱变剂敏感的菌株等能收到较好效果，育种时注意选用在生产中应用过而发生了自然变异的菌株，选用生长快速、营养要求低、出菇早、适应性强等性状的菌株。

☞111．如何利用遗传工程法进行食用菌菌种的选育？

用人工方法把需要的某一供体生物的遗传物质 DNA 提取出来，在离体条件进行切割后，把它和作为载体的 DNA 分子连接起来，然后导入某一受体细胞，从而获得所要求的新物种。

☞112．配制食用菌菌种培养基的基本原则是什么？

培养基是食用菌生长需要的营养基质。根据试验或生产的需要常把菌种分为母种、原种、生产种。培养基必需含有菌体生长的所有营养物质，每种物质有适当的浓度比例，适宜的酸碱度。制备培养基的物质可因地制宜，来源广，安全，无毒，成本低而适当选用。培养基要经严格灭菌，保证无菌状态才可使用，以达到食用菌纯培养的目的。

☞113．母种培养基如何配制？

常用的母种培养基是马铃薯蔗糖琼脂培养基：马铃薯 200 g、蔗糖 15 g、酵母膏 0.2 g、维生素 B_1 0.1 g、琼脂 20 g，水加至 1 000 mL，pH 7.2～7.4。把马铃薯去皮后称取 200 g，洗干净切片加适量水煮沸 15 min，双层纱布过滤取清液，得马铃薯汁。薯汁加入 20 g 琼脂加水至 1 000 mL 煮到琼脂融化，再加入蔗糖、酵母膏、维生素 B_1，边加边搅拌，并注意补水至 1 000 mL，用 5%盐酸或 10%氢氧化钠调 pH 至 7.2～7.4。趁热分装至三角瓶或试管，每管装至管长的 1/5 ～ 1/4 为宜。包扎好，写标签。在 115℃ 条件下灭菌 20 min，试管灭菌后摆斜面。马铃薯可用胡萝卜、豆芽汁代用。

☞114．原种培养基如何配制？

以麦粒种为例，需要麦粒 87 g，碳酸钙 2 g，干粪粉 6 g，谷壳 5 g。做法：麦粒称取 87 g，洗干净后浸水 8 h，冬天用暖水浸，加水到麦粒表面，旺火煮 20 min。要求麦粒不裂皮，无白心。稍凉后滤去水分，拌入干粪粉、碳酸钙、谷壳，拌匀，趁热装入 750 mL 菌种瓶，约装瓶身的 3/4 量，用干净布抹干净瓶口，包扎好，写标签。121℃条件下灭菌 30 min。草料可用木屑、破子棉代用。

☞115．生产种培养基如何配制？

以粪草种为例，需要粪干粉 49 g，碎麦秆（稻秆）49 g，石膏 2 g，水适量。做法：粪干磨成粉状，草料切成 5 cm 长段，加入石膏粉，边拌边洒水，加水至手捏指间有水分渗出但不成水滴为宜。把拌匀的料埋堆，加塑料膜覆盖，堆沤 3 d，料堆发热，把料摊开、翻匀，再埋堆，如此反复进行，至草料金黄色变软为适合，装入 750 mL 菌种瓶，装至瓶身的 3/4，用干净布抹干净瓶口，包扎好，写标签，121℃条件下灭菌 30 min。粪干可用麸皮、米糠、玉米粉、黄豆粉等代用，同样有良好的效果。

☞116．食用菌菌种的培养基有哪些种类？

根据营养物质的成分分类可分为：天然培养基、半合成培养基、合成培养基。根据培养基的状态分类可分为液体培养基、固体培养基。

☞117. 何为天然培养基?

培养基利用天然有机物配制而成。材料来源广,成本低,制作简单,但成分不稳定,不宜用作精确的科研。在生产栽培广泛使用。如马铃薯培养基、豆芽汁培养基、麦粒培养基、草粪培养基等。

☞118. 何为半合成培养基?

在天然培养基中添加无机盐或在合成培养基中添加少量有机物。这类培养基是根据不同菌类菌丝生长的需要而改良的,有利于促进菌丝生长。如马铃薯培养基增加硫酸镁 0.5 g,磷酸二氢钾 0.6 g,维生素 B_1 5 mg 时草菇菌丝生长特别旺盛。

☞119. 何为合成培养基?

培养基成分明确、稳定。适合试验、母种分离、菌种贮藏使用。如蛋白胨 2 g,葡萄糖 20 g,磷酸二氢钾 0.46 g,磷酸氢二钾 1 g,硫酸镁 0.5 g,琼脂 20 g,水 1 000 mL。适合各种菇类菌丝生长及保种。

☞120. 何为液体培养基?

这类培养基不加凝固剂,不保留固态物,多用化合物或固态物的煮汁制成。在这种培养基中,菌丝生长快速,而且可以根据培养菌丝体的需要中途补充养分及调节酸碱度,最适合工业发酵用。如葡萄糖 20 g,氯化钙 0.1 g,蛋白胨 2 g,维生素 B_1 0.1 g,磷酸二氢钾 0.5 g，硫酸镁 0.5 g，水 1 000 mL。适合侧耳的菌丝培养。

☞121．何为固体培养基？

培养基加入凝固剂或固态物质制成的培养基，有较稳定的形态，有以下几种类型。

(1)琼脂培养基：①斜面培养基。这种培养基可以增大菌丝的扩展面，可以观察菌丝体的生长状态。但由于培养基浅薄，易失水，故保存菌种的时间不长。②直管琼脂培养基。这种培养基不摆斜面，基质深厚，保持养分、保水性好，适合菌种保藏使用。

(2)草料、麦粒、棉子壳、木屑、甘蔗渣等固形物配制的培养基。

(3)种木培养基。把树木或木材制成 1.2～1.5 cm 长，1.5～2 cm 粗的木段，或圆柱状、或锲状、或圆饼状拌入木屑、麸皮制成。接种时取木段种接入段木或袋料中。

☞122．食用菌的菌种培养基为什么要灭菌？

食用菌栽培使用优质的菌种是获得高产的保证，优质菌种的条件之一是无杂菌的纯培养菌种。无杂菌的纯培养菌丝体在基质中得到充足养分，良好的理化环境，菌丝体可以最大限度地生长发育。如果我们使用的菌种已带杂菌，杂菌对养分的吸收、对环境的适应性都会比栽培菌丝有优势，而且杂菌在基质生活，营养代谢过程产生的产物会改变原来基质的理化水平，就会不利于栽培菌生长，甚至无法生长。我们在制作培养基的过程，原料本身都会带有杂菌的，所以菌种培养基配制后必须经过灭菌，并经严格抽查灭菌效果，才可进行接种，否则会造成很大的经济损失。

☞123. 食用菌的菌种培养基如何灭菌?

培养基灭菌有物理法和化学法,其中使用较多且效果好、效果稳定的是物理法的热力灭菌法。常用的方法有高压蒸汽灭菌法、常压蒸汽灭菌法、间歇性灭菌法、过滤除菌法、化学药剂灭菌法。

☞124. 什么是高压蒸汽灭菌?

要求有高压蒸汽锅,技术指标最高温达 140℃或 2 kg/cm^2 压力。物品在密闭容器内,水经过加热产生高压蒸汽而提高温度达到杀菌的目的。一般培养基可用 121℃保持 20 min 即可达到灭菌效果,已经把菌丝营养体、孢子、芽孢全部杀死。但如果基质内含有葡萄糖、马铃薯、豆芽汁、维生素等物质则应用 115℃保持 20 min 为宜,否则过高温度会破坏营养物,而产生有毒物质不利于食用菌生长。木屑、蔗渣、棉子壳、麦粒、草料、粪干等物质原来含菌量较大而且含水量较少,宜用 129℃保持 1~2.5 h 灭菌。

☞125. 什么是常压蒸汽灭菌?

物品在锅内以常压蒸汽进行灭菌。通常蒸汽温度为 95~105℃,因此灭菌的时间要求 6~8 h 才能达到效果。这种方法适合人力、燃料充足、未有能力购置高压蒸汽锅的地方使用。这种方法对保持培养基的养分较好。

☞126. 什么是间歇性灭菌法?

此法对不宜超过 100℃高温的物品较好。培养基置锅内经

100℃高温蒸 1 h，杀死杂菌的营养体，25～30℃保温 24 h，残留的孢子萌发成营养体。进行第二次蒸煮 1 h，把萌发的孢子杀死。同法，进行第三次蒸煮 1 h，保温等做法，即可达到完全灭菌的效果。

☞ 127．什么是过滤除菌？

一些不耐高温的物品经过机械阻留的技术把杂菌除去。如血清、维生素、氨基酸等物多用此法除菌。要求设置抽滤瓶和空气压缩机才能进行。

☞ 128．什么是化学药剂灭菌法？

常用的化学药剂有氯化汞、高锰酸钾、漂白粉、福尔马林、酒精等。在食用菌栽培中，这些化学剂的灭菌效果不稳定，而且有些影响到产品的安全性，如氯化汞不宜用于食物，而多用于表面消毒或环境消毒。

☞ 129．什么是食用菌的纯培养？

纯培养，就是通过无菌操作，由食用菌某一种类的单一或少数几个同种孢子，在适合的培养基上生长发育而成的菌丝体。这种方法获得的纯培养菌丝体是有性的过程产生而获得的。这些菌丝体处于初生阶段，菌丝较纤弱，对环境的适应性不强，而且这种方法较复杂，短时间内难大量获得这种菌丝体，故这种方法多用于试验、菌种保藏或远地引种等。纯培养的另一种方法是通过无菌操作从子实体组织分离或从培养基质的菌丝体中分离而得到纯菌种，得到的菌丝体是无性过程的产物。菌丝体对环境适应性强，对原来菌种的特性发生变异的可能性较少。这种方法简易，而且可以短时间内大量生产。

☞130. 什么是食用菌的传代培养?

从孢子或组织分离得到的第一次菌丝体叫第一级种,也叫母种。母种从生物学看,对养分的吸收、对环境的适应都要进一步驯化。第一次菌丝体可以在相同培养条件下扩大生产,一般再转一次管较好,从转出的试管菌种选择优良的菌株作为母种。这个方法叫转管培养。把母种转入与栽培料接近的营养基质上得到第二级种,叫原种。把原种再接入相同的培养基内叫三级种,也叫生产种或栽培种。这种菌种是直接用于生产的,需求数量大。由第一级种转至第三级种的过程叫转接菌种。也就是常说的菌种传代培养。

☞131. 怎样制作食用菌的母种?

母种多用半合成培养基培养。母种的生产应有一个计划,即预计某一时期内所用生产种的数量,从而确定母种生产的数量。母种第一代尽量多转出斜面管,减少转管的代次,避免造成菌丝生活力下降、出菇率低等现象。斜面管在4℃冰箱可保存3个月,但最好在1个月内使用.加液体石蜡的斜面在4℃时保藏时间可长些。母种扩大生产前要经严格检查是否污染病虫害、标签是否齐全,是否经过出菇试验等全面考核才能进行扩大生产。第一次母种转管,每管可转出60~80管第二次母种。第二次母种一部分用于转接原种使用,一部分保藏。同样做法,一般母种经过3~4次代转接为好。

☞132. 如何进行斜面母种转管?

斜面母种转管过程应在无菌箱或无菌室进行。工作人员、工作环境、一切器材要经严格消毒或灭菌。接种前斜面试管用75%酒精抹擦,酒精灯旁用拿接种铲的手的指间拔下棉塞向外夹着,火焰轻轻烧过管口才转管,已灭菌后稍凉的接种铲先在母种斜面上纵向切成2 mm宽的长条,再用接种铲沿斜面的水平方向深2~3 mm铲离,然后用接种锄将斜面横向切成宽2 mm、长4 mm的小块。用接种铲把斜面前段约1 cm的部分除去,其余菌种逐一小块接入空白斜面培养基内,菌种块放在空白斜面的中部为好。把管口烧过,塞上棉塞。以上操作在无杂菌条件下进行,称为无菌操作。离开酒精灯,写上标签。新接上的菌种立即进行适温培养。当原菌丝块的菌丝萌发新菌丝时,可将原来温度调低2~3℃,让菌丝缓慢生长,会更强壮,更有生命力。

☞133. 什么是食用菌的菌种分离? 分离时如何选择种菇?

菌种是从食用菌子实体的孢子或组织体的菌丝或基质的菌丝体分离得到的。分离得到的菌种叫母种,故菌种分离也叫母种分离。分离时选择出菇早,菇形好,个头符合商品标准并且均匀,生长健壮,产量高,无病虫害,八成熟的子实体。

☞134. 食用菌菌种分离方法有哪些?

通过无菌操作进行孢子分离法、组织分离法、基质分离法等。

☞135. 什么是孢子分离法?

取八成熟的良好种菇,去杂物,用75%酒精抹擦菇体,去除菇柄,放入灭菌的器皿内备用。用一个顶部有孔口的玻璃罩,罩下放一张干净的白纸,白纸上放一培养皿,皿口向上。取一铁丝、双层纱布、棉塞备用。以上物品放在一白瓷盆内，物品全部经灭菌处理。把种菇用铁丝钩着菇盖，菌褶向着培养皿，挂在罩顶的孔，菇体在罩内稍接近培养皿为宜。用棉塞、纱布把罩孔封好。连白瓷盆一起在适温漫射光条件下培养12～20 h。孢子散出，用接种针或接种环取单孢或少数几个孢子在斜面或平板培养基上划线分离，要求无菌操作。把接种的培养基在适温、黑暗条件下培养3～4 d可得纯培养菌丝体。孢子分离法还有褶抹法、钩悬法、黏附法。

☞136．什么是组织分离法？

(1)含义：用子实体的某一部分来分离菌种的方法，称为组织分离法。组织分离法简便，后代不易发生变异，能保持原菌株的优良特性。组织分离最好采用正处于旺盛生长中的幼嫩子实体或菇蕾作为分离材料，采取菌盖与菌柄交接处的组织进行分离，效果最好，对于那些有内或外菌幕保护的菇类来说，取在菌幕保护下的幼嫩菌褶接种，生活力更加旺盛。对于某些菌根菌，则取用靠近基部的菌柄组织才能成活。

(2)方法：选择优良种菇，去杂，用75%酒精抹擦菌体，稍干，再用0.1%氯化汞抹擦菌体，用解剖刀从菇体底部轻轻纵向切一刀，然后用手把菇掰开。用解剖刀在菇柄与菇盖之间或菇柄上部挑取0.2 cm^3 的小块组织，放入适当的斜面或平板培养基上，在适温、黑暗中培养3～4 d，长出白色菌丝体即可，以上全部无菌操作。组织分离法还有菌核分离法、菌索分离法等。

☞137．什么是基质分离法？

以菇木或耳木为例介绍。基质是生育食用菌的木材。在产子实体的季节，选择出菇良好、无病虫害的菇木晾干，截取2 cm长的小段，放在0.1%氯化汞中浸1 min，再用无菌水冲洗2～3次，吸干水分。用解剖刀把木段四周切去，再把木段切成火柴棍大小的木枝，每木枝去两头，插入或平放在平板培养基内，在适当条件下3～5 d长出菌丝体，即得母种，以上必须无菌操作。基质分离还有土壤分离法、培养料分离法等。

☞138. 怎样制作食用菌的原种？

原种由母种繁殖而成，主要用于制作栽培种，也可在栽培时使用。不同种类食用菌的原种培养基质不同。培养基质应尽量选用与培养料接近的物质。木生菌用木屑料，草粪类用草粪料为好。现在很多地方为了省工易操作，菌种生长快等原因多用麦粒料。制作原种的培养料含水量应比栽培料稍低，保证瓶内有足够空气供菌丝生长。原种多用500 mL或750 mL白色玻璃瓶装料，装瓶时注意上紧下松，装瓶后用一木锥棒在料内插一通气孔道，插到瓶底为好。一般装料1/2～3/5为好。最后用干净布把瓶口抹干净，用棉塞、牛皮纸包扎好，写上标签后立即进行灭菌，夏天不超过2 h，冬天不超过4 h。一般用1.5 kg/cm^{2}压力，60 min连续灭菌，停止加温后留在锅内闷4 h为好。

☞139. 原种的接种方法是怎样的？

在接种箱或接种室内，母种在酒精灯旁切成约1 cm^{3}大小的菌丝块，原种培养基在酒精灯旁用75%酒精抹瓶的外壁，用拿接种铲的手拔去棉塞并向外夹在指间，然后另一手拿起母种管，并用拿铲的手拔出棉塞夹在另一指间，迅速准确地用接种铲把母种菌丝块送入原种瓶内的培养基面上，不要放入瓶底，把试管口、原种瓶口烧过，塞上棉塞。然后包扎好，写上标签，立即进行适温培养，一般一支母种可接4～6瓶原种。

☞140. 原种培养时要注意什么？

原种培养时把瓶直放，使菌种定植。当菌丝长满面层，并开始深入料内，可斜叠堆放。每天检查一次，发现死种或杂菌污染的瓶应即时取出处理。当菌丝生长到半瓶时，培养温度可降低2～3℃。让菌丝生长更健壮。但草菇菌种不宜降温。直至菌丝长到底部并均匀长满整瓶，菌种即为成熟。一般成熟后7～8 d内使用较好。成熟的原种放在干爽、有散射光、通风的场所。麦粒种不超过3个月，草粪种不超过20 d为好。

☞141. 怎样制作食用菌的生产种？

生产种也叫栽培种，由原种繁殖而成的。生产种直接用于生产栽培，故使用量较大。生产种的制作方法与制作原种基本相同。但不同食用菌种类之间生产种的培养料差异较大。如段木栽培的木腐菌的生产种多用木屑料拌入小木段，以后用长满菌丝体的小木段直接插入段木接种。麦粒种和草料种用瓶装或耐高温的塑料袋装都可以，因为用种量大，一般装料量比原种瓶多一些。麦粒、草粉种用接种匙接种，木段种和草料种用镊子接种较方便。一般生产种接种量大，同一批次的菌种最好在2 h内接种完毕，因此安排双人接种较好。

☞142．生产种接种时注意哪些问题？

接种时严格按无菌操作规程进行。要把原种上层的老菌皮、气生菌丝去掉，然后接种。生产种用塑料袋的，最好把塑料袋逐个用75%酒精擦干净，检查是否破损才接种，而且不能像玻璃瓶那样在酒精灯上烧口，不要把原种撒在袋口或胶圈上，以免沾污棉塞。每瓶原种一般可接50～80瓶或袋生产种。如果发现在原种瓶或袋颈或上部有小量污染，又不能弃掉，可用酒精抹干净整个瓶，再用小锤子从瓶底打开原种瓶，轻轻取底部的原种进行接种，用距离污染点5 cm的部分为妥。

☞143．生产种培养时注意哪些问题？

生产种的培养方法与原种相同，生产种的后期培养温度可比原种低1～2℃，这样有利菌丝生长。如用塑料袋的生产种，翻动时要小心，避免造成后期破损而污染。生产种的使用时间与原种相同，但比原种的时间更短为好。生产种可用液体培养而成，但因投资较大，而未能大量推广。液体种在工业化、机械化程度高的部门有明显优势。

☞144．食用菌菌种为什么会退化？

食用菌菌种退化是由于菌丝体的遗传物质发生了变异而造成的。引起菌种退化的原因，其中菌种不纯，自体杂交造成基因突变是主要原因。另外，培养条件如温度过高，不同菌株的混合栽培，转管多代等都会引起菌种退化。

☞ 145. 食用菌菌种退化的表现有哪些？

表现为菌种突然或逐渐丧失原有的生活力、丰产性能或部分子实体的形态改变。菌丝体生长缓慢，在培养基上出现浓密的白色扇形菌落，对环境条件如温度、酸碱度、二氧化碳量、氧气、杂菌等的抵抗力弱，子实体形成期提前或推后，出菇潮次不明显等现象。

☞ 146. 如何防止食用菌菌种退化？

(1)保证菌种的纯培养。不用被杂菌污染的菌种，不要用同一食用菌种类的不同菌株混合或近距离相连接培养。

(2)严格控制菌种传代次数，减少机械损伤，保证菌种活力。

(3)适当低温保存菌种。低温型菌种在4℃，如蘑菇、香菇等；高温型在16℃，如草菇，有利于保存菌丝体的活力。

(4)避免在单一培养基中多次传代，沿着合理的代次、母种、原种、生产种不同类型的培养基，有利于提高菌种活力和保持优良性状。

(5)菌种不宜过长时间使用，超龄菌种会出现老化，而老化与退化是有机相连的，生活力弱的菌种很容易出现退化。

(6)菌种要定期进行复壮，在适温、合适酸碱度、充足氧量、适当漫射光、无杂菌培养等。

(7)每年进行孢子分离，以有性繁殖来发现优良菌株，以组织分离来巩固优良菌株的遗传特性。

☞ 147 . 食用菌菌种的标签有什么规格?

标签是菌种的重要标志,如果不贴标签或标签写不标准,可能造成菌种错乱,给制作者和使用者都带来麻烦,甚至造成经济损失。标签规格一般有两种:用于菌种袋和菌种瓶的大标签为 6 cm×4 cm,用于试管的小标签为 3 cm×2 cm。标签粘贴的位置,应在距离管口或袋口或瓶口 2～5 cm 处。标签要求剪裁齐整,粘贴端正。常用化学粘胶水或加防腐剂的糨糊粘贴较好。塑料袋菌种可用白色医用胶布或牛皮纸胶布作标签。

☞ 148 . 如何书写食用菌的菌种标签?

科研使用的母种、原种应填写详细标签,短时期使用的生产种可写简明标签或用标签笔写上标签代号也可,减少工作量,适应生产的需要。

☞ 149 . 详细标签如何写?

第一横行:从左至右①菌种名称:可写菌种拉丁文学名的第一或第一、二个字母,第一个字母用大写,或写中文字。如 L(香菇)、Ag(双孢蘑菇)、V(草菇)、Ar(蜜环菌)等。②初次分离时间,用阿拉伯数字写年、月、日。③品系或菌株,包括品系间性状的差别,不同的试验处理等内容,用阿拉伯数字编代号。④菌种编号,包括从不同地方引入,不同的保藏方法,不同的试验处理等内容,用阿拉伯数字编写。

第二横行:①菌种级别:如一级、二级、三级或母种、原种、生产种。②分离方式:孢子分离用 S 表示、组织分离用 T 表示,菌丝移植用 M 表示等。③菌种来源：分为引种、自繁、保藏，分别写引、自、保。④移植次数：用 F 字母，字母右下用小数字，表示从分离后转接的次数。

第三横行：①接种日期。②制作单位。③菌种评价：优、良、中、差、劣五级。

☞150. 简明标签如何写？

第一横行：①菌种名称。②分离时间。③品系。

第二横行：①菌种级别。②分离方式。③移接次数。④制作日期。

第三横行，制作单位。

☞151. 食用菌引种须知有哪些？

食用菌菌种分为一级种（又称母种、原原种）、二级种（原种）、三级种（又称生产种、栽培种），栽培者应根据自己的实际能力、条件再决定引进哪一级的菌种。品种对栽培者是非常重要的，品种的好坏是栽培者成败的关键。因为品种同当地的气候、栽培原料、市场需求等都具有直接的联系。栽培者必须一一了解清楚，才能决定所引的品种。引种前应该多咨询，请专家指导，做好市场调查，避免走弯路。要了解所引品种的特性、栽培技术，同时注意南、北品种的差异，有条件的应实地考察，看好了再引种。

☞152. 如何使用高压灭菌锅？

高压灭菌锅是一个密闭的容器，由于蒸汽不能逸出，水的沸点随压力增加而提高，因而增加了蒸汽的穿透力，可以在较短的时间内达到灭菌目的。高压灭菌一定要彻底排除冷空气，即在升温到排汽且有连续水蒸气喷出 10～15 min 时再关闭排气孔，否则会出现压力达到但实际温度低的现象，使灭菌不彻底。达到时间后，关闭火源，使压力自然下降，压力指针到 0 后，打开锅盖，稍留一缝盖好，用锅内余热将棉塞烘干，10～15 min 后，取出灭菌物品。

☞ 153. 不同原料灭菌时间、压力有何不同？

琼脂培养基要求 121℃，1 kg/cm^2 压力下维持 17～30 min，一般为 30 min，最长可到 40～45 min。木屑、棉子壳等固体培养基要求 128℃，1.5 kg/cm^2 压力，1～1.5 h。谷粒和经堆制发酵的粪草培养基，要求时间为 2～2.5 h，最长不可超过 4 h。

☞ 154. 如何正确使用紫外线灯？

紫外线作用于生物体时，可导致细胞内核酸和酶发生光化学变化，而使细胞死亡，还可在空气中产生臭氧杀菌，一般一支 30 W 的紫外线灯管可以使 10 m^3 的空间杂菌杀死。

(1)灯管装在工作台上方 1.2 m 以内为最好。

(2)一般在无菌室内，连续照射 20～30 min 即可杀死 95%的细菌。

(3)为保持室内长期处于无菌状态，应每天开灯 30 min。

(4)关闭紫外线灯后，不要马上开启日光灯。如果是白天可用黑色窗帘遮光 30 min。

(5)灯管使用 100 h 后，作用强度会迅速下降，应加长开启时间，一般使用时限为 4 000 h。

☞155．如何使用甲醛熏蒸灭菌？

甲醛常用于接种室、培养室、接种箱熏蒸灭菌，用量为每立方米 10 mL。用法是按接种室体积计算甲醛用量放入特定容器中，再按甲醛毫升数的一半数称取高锰酸钾所需克数放入玻璃或铁制容器中，将接种室窗户封闭严后，将甲醛倒入高锰酸钾容器内，立即退出，封闭房门，3～12 h 后方可使用。

☞156．如何驱除室内残留甲醛气味？

在熏蒸 12 h 后，取浓度为 25%～28%的氨水，每立方米空间用 38 mL，在室内熏蒸或喷雾，经 10～30 min，可以消除甲醛气味，也可用碳酸氢氨，每立方米 5 g，进行熏蒸中和。

☞157．如何使用硫黄熏蒸灭菌？

硫黄熏蒸一般用于无金属架的养菌室内。使用前，预先在室内墙壁或地面喷少量水。硫黄用量为每立方米 15～20 g。使用方法为：在磁盘或铁盆内放入少量木屑，再放入称好的硫黄，点燃焚烧，24 h 后方可使用。由于二氧化硫比较重，因此焚烧硫黄的容器最好放在较高的地方。

☞158．接种室的建造原则是什么？

密闭遮光，设缓冲间、工作服、拖鞋；有紫外线灯，接种室 9 m^2 以下，高 2.5 m 以下，室内湿度不可过湿；室内墙壁、工作台要光滑；有酒精灯、酒精棉球、接种工具等；门用推拉门。

☞159. 接种原则是什么?

及时接种,一般 48 h 内接完,接种时培养基温度在 25～30℃为好;剥菌种采取环剥;工作人员要有无菌意识,严禁吸烟、喝酒、大声说话、走动;接种要协调、熟练、轻缓、快速;接种钩不可乱放,要一直留在菌种瓶内。熏蒸前菌种、接种工具、培养袋等用品应一次放入室内。

☞160. 食用菌栽培场地如何选择?

远离污染源,有清洁水源,场地清洁,排水良好,天冷时选背风向阳场地,天热时选林地、阴坡。

☞161. 接种箱的设计和使用要求是什么?

接种箱通常采用木质结构,前后观察窗均应安装玻璃,观察窗应保持 70°倾斜面,并应做成可以开启的活门,便于取放物品,两边挡板上分别留有两个圆形操作孔,圆心距不大于 50 cm,操作孔要装备有一层塑料布和一层白布的袖套。为便于散热和换气,两侧应留孔经小于 8 cm 并用 8 层纱布覆盖的通气孔。若供电方便,可以顶板上安装紫外线灯和日光灯各一支。使用时将需接种的瓶和菌种、酒精灯、酒精棉球、接种工具、火柴等用品放入箱内,封闭后熏蒸、消毒或开紫外线灯灭菌,30 min 后方可使用。

☞162. 无菌操作规程是什么?

(1)严格检查挑选菌种。供扩制的母种或原种要求纯度高,无任何污染，并在使用前消毒其外表面。

(2)将瓶袋有序地放在箱、室内，接菌工具放在操作台上，然后熏蒸灭菌。

(3)接菌前 0.5 h，无菌室和缓冲间开启紫外灯进行空间灭菌处理。接菌箱内喷雾消毒，也可再加紫外灯照射，紫外线对人体也有伤害作用，所以不能直视开着的紫外灯，也不能在开着紫外灯的情况下工作。

(4)洗净双手，进入缓冲间换鞋更衣、戴口罩。

(5)进入无菌室后用 75% 的酒精擦手和接菌工具，并用火焰灼烧接菌铲、接菌勺，直至烧红即可达彻底灭菌。

(6)将试管口、玻璃瓶口、棉塞等反复通过火焰数次，利用火焰对管口等进行火焰灭菌，阻止管口、瓶口和棉塞的污染。

(7)接菌过程应在火焰近区内完成。

(8)操作中不交谈和咳嗽或快速地运动，以免搅动空气。不轻易中断操作和离开场所，否则需重新消毒。

(9)每次操作完毕，应整理、清扫、擦洗接菌环境，保持整洁卫生。

☞ 163. 无菌程度的检验方法有哪些?

无菌程度是指接菌室、接菌箱、超净工作台等接菌环境，经药物熏蒸、药物喷雾、紫外线灯照射和综合消毒处理后的无菌情况。检验方法主要有以下两种。

(1)第一种检验方法是平板检验法。采用肉汤琼脂或 PDA 培养基，灭菌后于培养皿内制成平板，在灭菌后的箱室内不同方位各放置一平皿，打开皿盖 5～10 min，其中一只不开盖作对照。而后盖好盖子倒置于(30±2)℃条件下，培养 3～5 d，观察菌落数，平均每平皿内菌落数不超过 3 个为合格。若对照皿也出现菌落则说明培养基本身带菌，检验无效。

(2)第二种检验方法是斜面检验法。将灭菌后的试管斜面直立放在箱内各部位，打开棉塞 30 min(对照组不打开)，然后塞好棉塞置(32±2)℃条件下培养 3～5 d，如未发现菌落即为合格。

☞ 164．购买何种药品进行消毒灭菌？

我国加入 WTO 后，根据国际卫生标准要求，生产者可选用酒精、石灰、高锰酸钾等进行消毒。对接菌箱、接种室、培养室等进行消毒可使用气雾消毒剂，以避免甲醛的危害和残毒。

☞ 165．用酒精消毒使用浓度是多少？怎样配制？

(1)酒精又称乙醇，是良好的脱水剂、蛋白质变性剂和脂溶剂。70％～75％浓度的酒精杀菌效果最好，生产中常配制成 75％的浓度供消毒使用。无水酒精和 95％的酒精杀菌力反而很低，其原因是高浓度的酒精与杂菌菌体接触后会立即引起菌体表层蛋白质凝固，形成一层保护膜，阻碍了酒精分子进一步渗入菌体细胞，因而达不到杀菌效果。而 70％～75％浓度的酒精其渗透力强，杀菌效果也最好。

(2)配制方法是用 95％的酒精 750 mL 加入蒸馏水 200 mL 即成 75％的酒精。

☞ 166．液体菌种和固体菌种各有哪些优缺点？

(1)生产周期。液体菌种具有生产周期短、菌丝生长快的优势，一般经振动或通气培养 3～7 d 即可培养好菌种。而固体种需 20～30 d 菌丝才能长满瓶。

(2)菌龄。液体菌种菌龄均一，而固体菌种上、下菌龄不一致，上部的菌丝菌龄大，易老化。所以在用于栽培时，液体种发菌快，出菇整齐。

(3)菌种保存期。液体菌种如静置保存，因菌丝在液体中透气性差，菌丝因缺氧而易衰老，活力下降，从而保存期比固体种要大大缩短。

(4)制种污染率。液体种在制作中由于液体培养基营养丰富，故极易污染杂菌，污染发生率要高于固体种制作。

(5)运输。液体种因培养基营养丰富，加之是液态，所以运输条件相当严格，稍有不慎即会造成菌种污染，不如固体菌种运输方便。

(6)菌种质量的检查。液体菌种质量的检查要难于固体种，不仅需要一定的技术技能，还需要一定的检测设备，一般生产者不易掌握。

☞ 167．液体菌种的质量标准有哪些？

(1)纯度。经显微镜检查和平板培养无杂菌。

(2)菌丝量。经 3 000 r/min 离心 10 min，菌泥达 20～25 g/L。

(3)菌球数(片)。有一定要求，宜为 700～800 个/mL。菌球数多，萌发点多，才能在栽培后发菌快。

(4)菌龄。必须处在增殖生长期，镜检菌丝着色深，内含物多，泡囊较少，锁状联合清晰。这个时期的菌丝生命力旺盛，否则菌种活力差。

(5)菌液在使用前不分层、菌球不下沉、不产气。

☞ 168. 试管棉塞的制作有哪些要求?

(1)棉塞的作用是过滤空气,避免污染。制作棉塞的棉花要洁净无霉变,脱脂棉易吸水,勿用。

(2)棉塞应紧贴管壁不留缝隙,以防空气中微生物沿皱褶侵入。棉塞要松紧适度,塞得太紧影响菌丝透气阻碍生长;塞得太松又易松动或脱落,而引起菌种污染。

(3)塞好后应以手提棉塞能将试管带起而不脱落为度。棉塞长度在3～4 cm为宜,过短易松动,过长又易沾染培养基。塞时,棉塞2/3应在管内,1/3留在管外便于拔放。

(4)棉塞的外端部分应表面光滑,不易存纳灰尘而增加污染机会。如棉塞表面凹凸有皱褶,则易藏纳灰尘杂菌而增加污染。

☞ 169. 怎样制作麦粒菌种?

麦粒菌种生产工艺流程是:浸泡—蒸煮—控水—拌石膏—装瓶—灭菌—冷却—接菌—培养。

(1)选用无虫蛀、无霉变的小麦,去杂后用清水浸泡,根据气温高低浸泡12～20 h。一般是下午或晚间浸泡,第二天早晨上锅煮。

(2)小麦煮的程度是否适宜,是麦粒菌种制作的关键环节。小麦煮得过头会导致大部分开花,淀粉渗出,不仅影响分散度,还会污染细菌;如煮得时间短,有生心,会出现灭菌不彻底的现象。据试验,将煮有生心的小麦经高压0.103 MPa灭菌6 h,仍有部分麦粒出现绿霉污染。因此,小麦煮制的适宜程度应控制麦粒既不破皮开裂,又没有生心。煮的时间视小麦新旧程度而异,一般开锅后煮25～30 min。

(3)小麦煮好后捞出,控水冷却,边控水冷却边捡去开花的小麦,当冷却至 30℃以下,用手抓一把麦粒撒开,基本不粘手时,拌入 4%的石膏粉,装瓶灭菌。

(4)常压灭菌时,上大气后需保持 14 h 以上。用高压灭菌时,当压力达到 0.137 MPa 时,需保持 2.5～3 h。

(5)灭菌结束后,当温度降到 30℃以下时,无菌操作接菌。

☞ 170. 怎样提高麦粒菌种的长速?

用小麦、高粱、玉米等生产二级种,当接入的菌种长至 5 cm 时可进行摇瓶。将菌种团摇开使菌种分散到瓶的各个部分,这样增加了菌丝萌发点,可明显提高菌种长速。一般在 25℃温度条件下,不摇瓶的菌丝长满瓶需 25 d 左右,而摇瓶的只需 15 d 左右。在摇瓶时注意动作要轻,不得使麦粒碰到棉塞上,以防止造成污染。

☞ 171. 怎样鉴别菌种质量?

(1)直接观察。对引进的母种,要先用肉眼观察包装是否符合要求,棉塞有无松动,试管有无破损,棉塞中有无杂菌和病虫害侵染,菌丝色泽是否正常、有无老化等现象。购进或自制的原种,瓶内菌丝应粗壮整齐、分枝浓密、色浓白呈绒毛状,说明生长旺盛。如瓶底出现黄水、菌丝萎缩与瓶壁脱离,或出现原基扭结,说明菌种老化应淘汰。

(2)菌种纯度检查。杏鲍菇菌丝是纯白色的,阿魏菇菌丝较杏鲍菇菌丝稍浅些。如在菌种管或菌种瓶中出现其他颜色的菌丝或孢子(绿色、黄色、黑色等),则说明菌种不纯,被杂菌污染不能使用。如果在接菌时发现菌种有异味也说明菌种被杂菌污染,不能使用。

(3)吃料能力鉴定。将母种接入最佳配方的原种培养基中,或将原种接入栽培袋中观察菌丝生长情况。经过1周的培养,如果菌种块能很快萌发并迅速向四周的培养料中生长伸展,说明菌种的吃料能力强。反之,菌种块萌发后生长缓慢,迟迟不向四周和料层深处伸展,则表明菌种对培养料的适应能力差。

(4)观察菌丝长势。可先将供测的菌种接入其适宜的试管培养基上进行培养,如果菌丝生长整齐浓密、健壮有力,则表明为优良菌种。若菌丝生长缓慢或长速太快,稀疏无力,参差不齐,容易衰老,则表明菌种质劣。

(5)栽培试验观察。这是菌种质量鉴定最可靠的方法。通过一定的栽培试验,凡具备优质高产、抗杂能力强和遗传性稳定的菌株,才是优良和可推广应用的品种。

☞172. 为什么要进行菌种保藏?

菌种是主要的生物资源,也是食用菌生产首要的生产资料。食用菌菌丝繁殖快,易变异,因此,一个优良的菌种被选育出来以后,必须保持其优良性状不变或尽可能地少变、慢变,才不至于降低生产性能,才能长期在生产中使用。因此,菌种保藏在食用菌生产上具有重要的意义。

☞173. 菌种保藏原理是什么?

选择优良菌种,根据其生理、生化特性,人为创造低温、干燥或缺氧等条件,抑制微生物的代谢作用,使其生命活动降低到极低的程度或处于休眠状态,从而延长菌种生命、使菌种保持原有的性状,防止变异。不管采用哪种保藏方法,在菌种保存过程中要求不死亡、不污染杂菌和不退化。

☞174. 菌种保藏的方法有哪些?

低温定期移植保藏法、液体石蜡保藏法、沙土管保藏法、滤纸片保藏法、自然基质保藏法、生理盐水保藏法、冷冻真空干燥法、液氮超低温保藏法。

☞175. 如何进行菌种的低温定期移植保藏?

将需要保藏的菌种接种在适宜的斜面培养基上,适温培养。当菌丝健壮地长满斜面时取出,放在 3～5℃低温干燥处或 4℃冰箱、冰柜中保藏。以后根据菌种特性,每隔 4～6 个月移植转管一次。保藏时要注意环境温度不能太高,以防霉菌通过棉塞进入管内。因此,可用灭过菌的干净硫酸纸或牛皮纸包扎棉塞,既可减少污染的机会,也可防止培养基干燥。除草菇菌种外,其他食用菌菌种都能采用此法保藏。

☞176. 如何进行菌种的液体石蜡保藏?

取化学纯液体石蜡装于三角瓶中加棉塞并包纸,在 1 kg/cm^2 压力下灭菌 1 h,再放入 40℃恒温箱中数天,以蒸发其中水分,至液体石蜡完全透明为止。将处理好的液体石蜡移入空白斜面上,28～30℃下培养 2～3 d,证明无杂菌生长方可使用。然后用无菌操作的方法把液体石蜡注入待保藏的斜面试管中,注入量以高出培养基斜面 1～1.5 cm 为宜,塞上橡皮塞,用固体石蜡封口,直立放置于低温干燥处保藏。保藏时间在 1 年以上,在低温下,保藏时间还可延长。

☞177. 如何进行菌种的沙土管保藏?

(1)取河沙,用水浸泡洗涤数次,过60目筛除去粗粒,再用10%盐酸浸泡2～4 h,除去其中有机物质,再用水冲洗至流水的pH达到中性,烘干备用。

(2)同时取贫瘠土或菜园土用水浸泡,使其呈中性,沉淀后弃去上清液,烘干碾细,用100目筛子过筛,将处理好的沙与土按(2～4)∶1混匀,用磁铁吸出其中的铁质,然后分装小试管内,每管装量0.5～2 g,塞棉塞,用纸包扎灭菌(1.5 kg/cm^2,1 h)。再干热灭菌160℃,2～3 h 1～2次,进行无菌检验,合格后使用。

(3)将已形成孢子的斜面菌种,在无菌条件下注入无菌水3～5 mL,刮菌苔,制成菌悬液,再用无菌吸管吸取菌液滴入沙土管中,以浸透沙土为止。

(4)将接种后的沙土管放入盛有干燥剂的真空干燥器内,接上真空泵抽气数小时,至沙土干燥为止。真空干燥操作需在孢子接入后48 h内完成,以免孢子发芽。制备好的沙土管用石蜡封口,在低温下可保藏2～10年。

☞178. 如何进行菌种的滤纸片保藏?

准备滤纸,收集深色孢子取白色滤纸,收集白色孢子时取黑色滤纸,剪成4 cm×0.8 cm的小纸条,平铺在培养皿中,用纸包裹后进行灭菌(1 kg/cm^2,30 min)。采用钩悬法收集孢子,让孢子落在滤纸条上。将载有孢子的滤纸条放入保藏试管中,再将保藏试管放入干燥器中1～2 d,除去滤纸水分,使滤纸水分含量达2%左右,然后低温保藏。

☞179．如何进行菌种的自然基质保藏？

(1)麦粒保藏法：取无瘪粒、无杂质的小麦淘洗干净，浸泡12～15 h，加水煮沸15 min，继续热浸15 min，使麦粒胀而不破，沥干水分摊开晾晒，使麦粒的含水量在25%左右。将碳酸钙、石膏拌入熟麦粒中(麦粒、碳酸钙、石膏比例为10 kg∶133 g∶33 g)，拌和均匀后装入试管中，每管2～3 g。然后清洗试管，塞棉塞，灭菌(1.5 kg/cm^2,2 h)，经无菌检查合格后备用。试管基质冷却后接种，适温培养，待菌丝长满基质后用石蜡涂封棉塞，放低温保藏。2年左右转接一次。

(2)麸曲保藏法：取新鲜麸皮，过60目筛除去粗粒。将麸皮和自来水按1∶1拌匀，装入小试管，每管约装1/3高度，加棉塞用纸包扎，高压灭菌(1.5 kg/cm^2,30 min)，经无菌检查合格后备用。将生长在斜面培养基上的健壮菌种移种至无菌麸曲管中，移种时注意尽量捣匀小试管中的麸皮，呈疏松状态，在适温下培养至菌丝长满麸皮为止。将麸曲小管置干燥器中，在低温或适温下保藏。

☞180．如何进行菌种的生理盐水保藏？

取纯氯化钠0.7～0.9 g，放入100 mL蒸馏水中，搅拌均匀分装试管，每管5～10 mL，进行灭菌(1 kg/cm^2,30 min)，经无菌检查合格后备用。将待保藏的菌种接入马铃薯葡萄糖液体培养基中适温振荡培养5～7 d。无菌操作吸取少许培养菌种注入经检验合格的生理盐水试管中，塞上无菌橡皮塞，用石蜡涂封，在室温或低温保藏。

☞181．如何进行菌种的冷冻真空干燥保藏?

将已培养、生长丰富的菌体或孢子悬浮与灭菌的血清、卵白、脱脂奶制成菌悬液，将悬液以无菌操作分装于灭菌的玻璃安瓿瓶中，每管 0.3～0.5 mL。然后用耐压橡皮管与冷冻干燥装置连接，安瓿瓶放在冷冻槽中于－40～－30℃迅速冷冻，并在冷冻状态下抽真空干燥，并在真空状态下熔封安瓿。在－20℃保存，一般可保存 10 年以上，但成本较高。

☞182．如何进行菌种的液氮超低温保藏?

首先将要保藏的菌种制成菌悬液备用，其次准备安瓿瓶，每瓶加入冷冻保护剂 10% 甘油蒸馏水溶液 0.8 mL，塞棉塞灭菌($1\ kg/cm^2$，5 min)。无菌检查后，接入要保藏的菌种，火焰熔封瓶口，检查是否漏气。将封好口的安瓿瓶放在冻结器内，以每分钟下降 1℃的速度缓慢降温，使保藏品逐步均匀地冻结，直至－35℃，以后冻结速度就不需控制。安瓿瓶冻结后立即放入液氮罐内，在－196～－150℃保藏，该法只有少数科研院所使用。

六、木腐型食用菌栽培技术

平菇栽培技术

☞ 183．平菇栽培的设施类型有哪些及各自特点是什么?

(1)半地下棚。特点:投资少,使用时间长,保温效果好,生产周期结束后可晒棚,可用于其他食用菌及蔬菜的套种。

(2)日光温室钢架棚。特点:采用钢管或镀锌管,内设照明、喷水系统等,成本较高。

(3)自动化菇房。特点:有自动化设备、调控设备、小型运输设备等,成本高,不适合普通农户推广。

(4)其他简易设施。如:废旧矿洞、废旧养鸡场等。特点:需进行改造,节约成本。

☞ 184．平菇菌株有哪些温型?

平菇不同菌株对温度要求不同,根据子实体分化对温度要求不同可分为高温型、中温型、低温型、广温型 4 类(表 1)。夏季当然要栽培高温型菌株,春、秋季可以种植中温型或广温型菌株,冬季、秋末、春初可以栽培低温或广温型菌株。另外,根据当地的气候条件,选择不同温型菌株可进行周年生产,提高复种指数。

表 1　平茹子实体分化温度类型　℃

类型	最低分化温度	最高分化温度	最适分化温度
高温型	26 以上	36 以下	25～30
中温型	15 以上	25 以下	16～23
低温型	5 以上	20 以下	7～15
广温型	10 以上	32 以下	15～28

☞ *185*. 平菇的菌丝体生长应达到何种要求？

对平菇菌丝体质量要求是：菌株纯，不能混入其他菌丝体，更不能有任何竞争性杂菌。菌丝生长势强，粗壮浓密，菌丝体洁白纯正，菌丝尖端同步生长，试管菌种有气生菌丝，或菌丝有爬壁抱管现象，菌丝体菌龄适中，一般 10～14 d 长满试管。

☞ *186*. 平菇菌丝体的形成过程如何？

平菇菌丝体的形成过程大致为 5 个时期，即定植期、扩展期、深入期、复壮期、分化期。

(1)定植期：菌种在适宜的基质中恢复生长，表面萌发出白色菌丝并开始吃料的过程。此期 2～4 d，生长速度较慢，对温湿度敏感。

(2)扩展期：菌丝萌动后，以菌种为中心向四周迅速扩展，5～15 d 即可布满料面，并开始向深层延伸。此期菌丝生长速度快，对通气不良和高温反应敏感。

(3)深入期：菌丝在料内扩展达一定程度，前端不断扩大生长，后部逐渐深入料内，直到占领培养料各个角落，此期一般在播种后

15～25 d，对通风不良和光照反应敏感。

(4)复壮期(或巩固期)：菌丝占领全部培养料表面，进入巩固生长期。此期菌丝大量产生分枝，密度明显增大，对营养和水分的吸收作用最强，时间 7～10 d。管理上应加大通风，适当降低温度，促进菌丝健壮生长。

(5)分化期：经过复壮生长的菌丝，营养积累达到一定程度，生理发育已经成熟，开始从营养生长向生殖生长转化。此期 5～7d，对培养基含水量，空气相对湿度、温度，通风及光照均有一定要求。

☞ 187．平菇子实体发育期分为几个阶段？

4 个不同时期，即桑葚期、珊瑚期、成形期和成熟期。

(1)桑葚期：菌丝经过充分的营养生长阶段，体内营养代谢达到一定的生理成熟度，若基质含水充足，加上一定的光、温度、湿度刺激，表面菌丝开始扭结，分化出成堆的米粒状白色菌蕾，形似桑葚，此期对温度和通风敏感。

(2)珊瑚期：桑葚期后 3～5 d，白色粒状的菌丝渐渐伸长，成为参差不齐、放射状生长的短棒状菌柄，形似珊瑚，此时对温度、湿度及 CO_2 浓度敏感。

(3)成形期：珊瑚状的菌柄渐渐加粗，并在顶部形成灰色或蓝灰色的面盖，盖下可见到菌褶结构，各部分区别明显，称为成形期，此期对光照、湿度、通气性敏感。

(4)成熟期：成形期以后的子实体，菌盖伸展迅速，特别是菌褶发育旺盛，菌盖边缘也由内卷渐趋平展，子实体完全发育成熟。

☞ 188．平菇优质菌种辨别方法是什么？

菌丝浓密、洁白、粗状，呈棉毛状，有爬壁现象，被分解的木屑呈白色或淡黄色，菌丝分布均匀，刚刚形成少量珊瑚状的原基，是性状优良的菌种。若菌丝稀疏或成束生长，发育不匀，可能是培养料过湿；生长缓慢，或不向下生长，可能是培养基过干；培养基表面或瓶壁出现大量原基或已开始分化，为菌龄过老，应尽快使用；培养基开始萎缩，底部有浅黄或褐色积液，不宜使用。

☞189．适宜栽培平菇的原材料是什么？

平菇为腐生菌，生活力强，对纤维素和木质素分解能力强，菌丝生长力旺盛，适应性强。多种秸秆，如玉米秸、玉米芯、麦秸、棉子皮、废棉、木屑等均可作为平菇栽培原料。平菇栽培方法简单，生长期短，材料广，场地多样，成本低，产量高，见效快，可周年生产。

☞190．平菇原材料的质量要求是什么？

主料应选择新鲜、干燥、无雨淋霉变的为好。麦秸、稻草截成6 cm的小段；玉米秸、玉米芯、豆秸用粉碎机粉碎过直径15 mm筛孔。辅料为石膏、生石灰、复合肥、尿素、硫酸镁、过磷酸钙、鸡粪（提前发酵腐熟）。辅料要求不结块、不霉变。

☞191．平菇栽培料的配方是什么？

（1）玉米芯50 kg，过磷酸钙1 kg，石膏粉1 kg，尿素0.1 kg，50％多菌灵100 g，水适量。

（2）玉米秸粉100 kg，麦麸5～10 kg，豆饼粉3 kg，尿素0.5 kg，过磷酸钙1 kg，硫酸镁0.1 kg，石灰5 kg，水200～220 kg。

(3)麦秸 100 kg,石膏 1 kg,磷肥 1 kg,尿素 0.5 kg,生石灰 2.5 kg,水 120～140 kg。

(4)棉子壳 89%,麸皮 10%,石灰 1%,水适量。

☞ 192. 平菇栽培菌棒有哪几种制作方式?

(1)生料栽培:是指将已确定的各种原料与水混匀直接装袋播种的培养过程。生料栽培省工、省时,成本低。适于杂菌密度相对小的冬季栽培,而且产量高。拌料后,闷料时间的长短依据气温而定。气温 15℃以下,闷料 6～8 h;气温 15℃,则闷料 4～6 h。在华北地区,一般在 11 月初至翌年 2 月底可生料栽培。采用大袋 (24～28) cm×(52～55) cm×(0.025～0.03) cm 栽培。生料栽培装袋播种后第 5 天开始升温直到第 22 天为自产热的最高时期,可以利用这一点适当码垛菌袋,靠自身产热提高发菌温度。

(2)熟料是通过常压或高压灭菌的培养料。熟料栽培费工、费时,成本相对较高。夏季杂菌密度大,繁殖率高。因此,需要将栽培料全部灭菌。接种在袋的中部打穴接种。接种后熟料自产热相对低,可避免烧料。

(3)发酵料适于春、秋季栽培。使用发酵料可省工时,适宜大面积生产。菌袋规格一般采用(24～25) cm×(51～53) cm×(0.025～0.35) cm。原料的堆制发酵是一种复杂的物理化学和生物化学的加工过程。若原料发酵不熟等于培养杂菌。它直接关系到发菌的成败及子实体的质量和产量。发酵过期,培养料中的营养成分被破坏造成减产,甚至完全不能使用。

☞ 193. 如何堆制发酵料?

先将能溶于水的物质溶于水中,磷肥研细后同其他辅料撒在粉碎后的干料上，用上述水溶液将料搅拌均匀，拌好的料进行堆积发酵。将料堆积成堆底100 cm、高80 cm左右，视投料量而定，料少可建成圆堆。最后用直径约10 cm木棍向料堆每间隔1 m扎一个通气孔，以利通气。堆好后，料边可放磷化铝以防虫并覆盖塑料薄膜，料内插温度计，料温55℃，时间持续2 d后翻堆，把边料往中间堆，中间料往两边翻，以使培养料发热一致。堆积发酵时间以4 d为宜，中间要翻2～3次料。见到料内有大量的灰白色的放线菌，不酸臭，即可铺料播种。

☞194. 平菇栽培中如何处理麦秸和稻草？

麦秸、稻草在使用前在日光下暴晒2～3 d，用石磙压扁以利吸水，然后浸泡于pH 12的石灰水中1～3 d。捞出沥水3 h，然后再边铺料边把石膏、磷肥撒入堆中，堆成高1 m、宽1.5 m的长堆，踏实盖膜后发酵。料温升到的65℃时保持12 h，然后翻堆，共翻堆3～4次，每次翻堆时在料表面喷2%的辛硫磷杀虫剂，发酵期5～7 d。在连续阴天和寒冷季节，一定要注意发酵温度，人为控制使料快速升温。料发好后，将麦麸撒在料堆上，尿素溶于水后泼到料中，再混拌匀，使料的含水量在60%左右。

☞195. 平菇栽培中如何处理玉米芯？

玉米芯用机械粉碎至黄豆粒大小，将粉碎料放在清水中浸泡一夜，捞出后沥水，使含水量达60%～65%不滴水为宜。此时可加入其他辅料接种。

☞196.平菇菌种接种量及接种方法是什么?

接种量:一般为栽培干料的10%。

播种方法:常选(45～50)cm×(22～25)cm的聚乙烯薄膜筒。取200～250 g菌种,掰成蚕豆大小,分成3份,1份均匀撒在袋底,然后边装料边压实,当装至袋的1/3处,取半份菌种,紧贴袋壁放一圈菌种。装到袋的2/3处再靠袋壁撒一圈另半份菌种。装满袋后,将剩下的一份菌种撒在料面,稍压实后扎好袋口。然后进行菌丝培养。

☞197.平菇发菌期间如何管理?

在室内或棚内发菌,如果是8～10月份的高温季节,应注意栽培袋单层平放,袋之间留5～10 cm的空隙,严防料温过高。塑料要经常掀动通风,打开门窗,不要湿度过大。20～25℃可两层排放;10～15℃四层排放后再加盖塑料薄膜;10℃以下可排放10～15层后再加盖塑料薄膜。棚内或室内,温度不得超过25℃。同时每一袋原来朝上的一面换到下面,从而使每袋的水分比较均匀。发菌环境空气相对湿度保持在65%左右。若湿度降到45%以下,要在地面上喷5%的石灰水以增加湿度。另外发菌期间最好在黑暗条件下进行。发菌开始时,可向地面、袋面撒比例为3∶1的石灰与多菌灵混合剂,也可撒石灰。经过25～35 d菌丝长满袋,发菌阶段完成。

☞198.平菇菌棒的堆码方式及方法?

根据气温不同,采取不同的堆码方式。冬季气温在15℃以下时，将菌袋横向堆码成墙状，高度为5～6层；每排间距10 cm，每隔3排间距调为30 cm，方便检查温度、菌种生长及污染状况。覆盖薄膜保温。温度在20℃以上时，菌袋单层排码在床架上，或“井”字形堆码在地面上，每堆5～6层，利于通风散热。

☞199. 平菇出菇期间如何进行管理？

（1）降低温度：当菌袋长满，并经过5～7 d的复壮生长后，部分菌袋表面分泌黄珠或形成原基，可根据气温高低，在中午和夜间分别进行通风，使培养室温度降到15℃左右，昼夜温差在5℃以上。

（2）有一定的散射光（500～1 500 lx）照射刺激。

（3）增加湿度：地面洒水使相对湿度达到85%左右，以促进子实体原基全面、集中形成。

（4）割开菌袋：对已分化出桑葚形原基的菌袋应及时移入出菇房进行促蕾管理。待菌蕾伸长之前及时将周围的菌袋割开（每袋只割1～2个口），开口过早表面菌丝易失水干燥，幼蕾枯萎死亡或不出菇；开口过晚，菇蕾伸长受阻，易产生畸形菇。

（5）幼蕾形成期管理：在成形期以前的促蕾管理中，应做到“三避”，即避浇大水，避吹干风，避阳光直射。在调节空气湿度时，应向地面和墙壁喷雾状水，绝不可直接向着菇蕾喷水，否则幼蕾生长停滞，僵化死亡。干热风或干冷风对菇蕾发育有较强影响，易导致失水收缩或畸形发育。

（6）子实体形成期温湿度与通风协调管理：子实体进入成形发育期时，生长速度加快，应逐渐增加喷水次数和喷水量，保持菇房相对湿度为85%～95%，温度为10～20℃。温度偏低时，子实体虽成熟较慢，但朵形大，菌肉厚、品质优；温度偏高时，生长快，但朵小、肉薄、品质较差。子实体能否正常发育，与通风换气有直接关系，特别是高浓度 CO_2 易造成柄粗、盖小的畸形现象。因此，每天应通风2～3次，每次20～30 min。当菌盖接近伸展，与菌柄交界处，表面长出白色纤毛时采收第一潮菇。

(7)养菌增收：收完一潮菇后，可以稍封袋口保湿养菌，单头出菇的可以全扎封袋口而撕开袋底，让二潮菇从底长出来，交叉进行可收3～5潮。

☞200．平菇出菇后如何进行转潮管理？

采收每袋菇后立即清理好料面，除尽死菇和残根败料，把袋口收拢，停止喷水，或稍待干燥一些，将袋集中一起，盖上大塑料薄膜保湿。保湿养菌4～5 d后，每天掀开薄膜透气1～2次，天气干燥时配合适量喷水，直到新的一潮菇长出再除去薄膜，帮助菇蕾伸出来。同时注意对栽培室(场)内地上或空间喷水，每天喷水的次数应看天气干燥情况、气温高低及菇朵生长发育情况而灵活掌握，天旱多喷，高温多喷，但温度过高中午不喷；菇大多喷，反之少喷，一般每天喷2～3次。

☞201．平菇采收后如何使其培养料保湿？

(1)菌棒墙式覆土保湿：在棚内按菌袋的长度铺设一条15～20 cm厚的土埂，把发好菌即将出菇的菌袋脱去塑料袋。将菌棒整齐排放在土埂上。每排一层覆上3～4 cm厚的土，土两侧喷水并用泥抹平。然后再排放第二层菌棒并覆土，可排放6～9层，最上一层仍要覆土并抹平。做好墙后喷一次大水，使覆土吸足水分。以后每天喷水保持覆土湿润按常规管理出菇。此法可使平菇产量提高50%～90%。

(2)袋口覆营养土保湿：营养土配方是肥沃土45 kg，草木灰

5 kg，加水量为抓一把土在 1 m 高处松手，土能落地散开为宜。装袋栽培管理同常规方法，只是在袋两头各装入 2～3 cm 厚的营养土。出菇期每天给营养土喷水 1～2 次，其他管理按常规。此法可提高产量 50%左右。

(3)阳畦覆土保湿：袋栽平菇收完 2～3 潮菇后，脱袋晒 1～2 d，使菌棒表面结一层皮，以防病虫害侵入和抑制子实体发生过多。用消过毒的菜刀纵切开，切面向上排列在阳畦上。缝隙用细沙填满，然后覆盖 2～3 cm 厚的细土。最后灌加有过磷酸钙、磷酸二氢钾及白糖的水溶液，比例为 2∶0.2∶1∶100，按常规管理。此法可提高产量 80%以上。

☞ 202. 阳畦栽培平菇如何选场作畦？

阳畦栽培平菇，能有效利用稻草、麦草、玉米芯(秆)、豆秆等秸秆资源和空闲土地资源，不需要特殊设备，方便简单，成本较低，只要合理选择栽培季节和场地，操作认真，管理科学，长出的平菇朵形大、菌肉厚、产量高、质量好。

阳畦栽培受自然气候因素影响较大，多选背风向阳、排灌方便、土壤肥沃保湿性好的田块，挖成坐北向南，即东、西走向的阳畦。畦宽 1～1.2 m，深 0.3～0.4 m，长 5～6 m。畦边要北高、南低、南北相差 20～30 m，畦底略呈龟形背，侧壁及畦沿要夯实并用稀泥抹光，以防渗漏和塌边。畦间及四周应挖排灌水沟，以便排水和菇床湿度调节。

☞ 203. 阳畦栽培如何进料播种？

阳畦栽培主要是利用自然气候条件进行种植，事先应拟订切实可行的计划确定适宜菌种，种植规模，原料配方及配料播种日程。然后按照计划及天气情况，组织人员，集中进料播种。进料前1 d，根据畦床干湿度酌情洒水。备好菌种（谷粒菌种为培养料的8%，棉子壳菌种12%，木屑菌种15%）。用时将菌种从袋（或瓶）中掏出，掰成颗粒状或块状，置消毒过的盆中。要随掏随用，不能过夜存放。阳畦一般采用分层播种法。即先在畦床上铺3～5 cm配制好的培养料，在料面均匀撒播约2/10的菌种，稍加压实后，铺盖一层培养料，再均匀撒播2/10的菌种，如此铺播2～3层，最后将培养料压实拍平，表层播种量应占总菌种量的35%～40%，以利菌丝尽早封面，减少后期杂菌污染。畦床铺料厚度因季节而异，秋冬季栽培出菇期较长，铺料宜厚些（17～20 cm），春夏季栽培出菇短，铺料宜薄些（12～15 cm）。

播种后，将料面拍平压实，盖一层报纸，再覆盖农膜或其他遮阳物，也可在阳畦上架设拱形塑料棚之后覆盖草帘。目的是提高保温性，使畦面维持适合菌丝生长的小气候。同时也有防风、防雨、防晒、防病虫侵染的作用。

☞ 204. 阳畦栽培如何发菌管理？

发菌前期管理工作重点是控制好料温和湿度，适时通风，避免高温烧菌，防止杂菌和害虫发生，促进菌丝发菌，并尽早扩展至整个料面。播种后，在正常情况下，一般不要挪动薄膜，以防杂菌入侵。但第3天以后，料温上升较快，应在料层插1～2支温度计，每天查看1～2次，以防高温烧菌现象。当料温超过30℃时，应局部通风散热或早晚揭膜降温。若膜上凝结水过多时，应及时抖掉。秋季阳畦栽培菌种萌发快，菌丝扩展迅速，杂菌侵染率也高，因此既要适时揭膜通风换气，又要防止养料水分蒸发和病虫害的入侵。一般在播后5～10 d选择早、晚气温较低时进行通风，前期通风从一侧抖动薄膜。若料内有酒酸异味时，则应增加揭膜次数和换气时间。若发现有杂菌污染应及时挖掉，并撒上石灰粉或消毒剂进行抑制。发菌前期，料面切忌喷水，否则会导致菌丝消失和杂菌污染率升高。

当菌丝封面后即转为深入期，此期管理工作重点是促进菌丝向料层深处蔓延，提高菌丝营养积累程度，加快菌丝生理转化，以便尽早转入生殖生长期。管理措施上应增加通风量，必要时可揭去覆盖在料面上的薄膜，以满足菌丝深入生长对氧气的大量需求。此期还应注意控温、保湿、遮阳、防病虫等管理内容。当菌丝发透培养料，表面菌丝浓厚，富有弹性，且有淡黄色水珠分泌，畦面逸散出菇的清香时，表明菌丝发育生理成熟，已转入生殖生长期。

☞ 205. 阳畦栽培如何出菇管理？

当菌丝已发育成熟进入生理分化期时，应及时进行出菇前管理。即扩大昼夜温差和干湿度差；增加畦面光照，刺激子实体原基形成。措施是去掉部分遮阳物，揭去覆在料面上的报纸；在排灌沟内重灌一次水，提高菇床的湿度；同时将棚膜在早晚或夜间各开一个通风口。通过上述管理，可使菌丝反复受到昼夜温差(8～22℃)和光照刺激，并处于干、湿交替变化的环境之中。5～7 d，原基可大量形成。若 10 d 左右原基仍未形成，可采取“惊蕈”或搔菌，覆土等措施刺激；促进原基形成。

原基大量形成之后，做好菇床通风和水分管理是夺取优质高产的关键。通过增加揭膜次数和时间，满足菇床通气量，以防出现畸形菇，但通风过量处，易使表层菌丝和幼蕾失水过快而萎缩死亡。因此，应选早、晚潮湿时在菇蕾较集中时，揭开部分薄膜用砖支起形成小通风，必要时应在两端增加通风口，加大通风量，保证菇体正常发育。在成形期情况，适当增加向空间喷雾次数(2～3 次/d),每次以料面湿润而不积水为度,环境过干时,可从畦周进行沟灌,使相对湿度维持在 85%～95%。但湿度不宜过高,以免引起病害发生。子实体发育期间畦温应控制在子实体生长的范围,避免剧烈变化,特别是短时高温,易造成死菇现象。正常条件下,5～7 d 子实体逐渐发育成熟,即可采收。

☞ 206. 阳畦栽培如何进行菇后管理?

采过一潮菇后,及时清除菇床表面的残根死菇及污染部分,菌皮过厚时用旧扫帚将料面划破。停止喷水,让料面干燥 3～5 d 后,向畦内灌一次重水或营养液,使含水量达 65%～70%,后覆膜促进菌丝恢复,7～10 d 后,第二潮菇蕾出现,仍按前述方法管理,一般阳畦栽培可采 3～4 潮菇,入冬以后因气温过低而停止出菇,应采取降湿、保温、防冻措施,以利第二年春季气温回升后继续出菇。

☞ 207. 平菇的保鲜方式有哪些?

平菇采后容易衰老褐变,一般通过低温冷藏和气调贮藏的方式进行平菇保鲜。低温冷藏即通过降低环境温度抑制鲜菇衰老,达到保鲜目的,适用于短期储藏。气调保鲜就是采取低温抑制平菇的呼吸和蒸腾作用,然后用一定配比的氧气和二氧化碳进一步抑制平菇的呼吸,阻止开伞、变褐,从而明显提高保鲜效果,可将平菇的贮藏期延长到 30 d。气调贮藏分为 CA 贮藏(通过严格控制气体组成和配比的 CA 气调冷藏库)和 MA 贮藏(塑料薄膜封闭气调贮藏法)。

香菇栽培管理技术

☞208．如何安排香菇生产季节和选择品种？

制栽培种期间，当地气温约为26℃；从接种日起，往后推60 d为脱袋期，这时当地平均气温不低于12℃。把握住这两点，能使接种后的菌丝处于最适环境中生长，子实体能在十分适宜的温度下发育。

春季栽培香菇，以选中温和中温偏高型菌株为宜。秋季栽培以选用中温偏低为宜型。

☞209．如何选择优质的香菇菌种？

优质的香菇菌种标准是：菌丝体色泽纯正，洁白浓密、均匀；菌丝粗壮，分枝多而密，平整、无角变；斜面背面外观培养基不干缩，颜色均匀，无暗斑、无色素；有香菇菌种特有的香味，无酸、臭、霉异味。香菇品种繁多，栽培者可根据当地的气候条件选择抗病性强、易管理、商品性状好的菌株进行栽培。一般栽培种采用菌龄100 d左右的为好。

☞210．香菇培养料常用配方有几种？

配方一：棉子壳40%，杂木屑35%，麦麸20%，玉米粉2%，石膏粉2%，蔗糖1%，pH 6.0～6.5，料与水的比例为1∶(1.22～1.27)。

配方二：杂木屑76%，麦麸18%，玉米粉2%，石膏粉2%，蔗糖1.2%，过磷酸钙0.5%，尿素0.3%，pH 6.0～6.5，料与水的比为1∶1.25。

☞ 211. 怎样测定香菇培养料含水率？

搅拌后的培养料要进行水分测定，培养基含水量应掌握在55%～57%为宜。含水量偏低，菌丝生长缓慢、纤弱；含水量偏高，料温随之上升，宜酸败，导致杂菌污染；如含水量超过65%，则菌丝生长受阻。感官测定的标准是用手握紧培养料，指缝间有水溢出，但不滴下。伸开手指，料在掌中成团，掷进料堆形成四分五裂，落地即散。

☞ 212. 香菇装袋过程的基本要求是什么？

(1)松紧适中，应以成年人手抓料袋，五指中等力捏住，袋面呈微凹指印，有木棒状感觉为妥。

(2)装袋要抢时间，从开始到结束不超过3 h，以防止培养基发酵。

(3)袋口要扎牢。

(4)轻取轻放，防止破裂。

(5)日料日清，当日配料、当日装完、当日灭菌。

☞ 213. 香菇培养袋如何灭菌？

袋进蒸仓后，立即旺火快攻，在5 h内上升到100℃，保持14～16 h，做到不停火，不加冷水，不降温，最后旺火猛攻，做到“攻头、保尾、控中间”。灭菌后及时搬进冷却室内，“井”字形4袋交叉排叠，当袋内温度降到28℃时，开始接种。

☞ 214. 香菇接种步骤如何安排?

用75%酒精棉球擦洗袋面;打孔接种封口,在袋同一面打孔二三个,接种后两个袋的打孔口对准放好,一般孔径长2~3 cm,深4~5 cm。

☞ 215. 香菇菌袋发菌期间的前期如何管理?

接种后3 d内是菌丝萌发期,温度掌握在27℃左右;培养半个月后温度控制在25℃左右。

☞ 216. 香菇菌丝生长旺盛期怎样管理?

菌丝培养20~25 d后,把接种孔上的胶布掀开一角或撤去外袋,此时菌温较高,必须调整堆形,疏袋散热,以两袋交叉成“井”字形重叠为宜。整个养菌期间,注意通风换气,光线宜暗忌强,空气湿度不宜太高,一般控制在60%左右。

☞ 217. 香菇菌袋如何翻堆? 污染袋如何处理?

第一次翻堆在接种后6~7 d进行,以后隔7~10 d翻堆一次,翻堆时做到上下、内外、侧向相互对调,促进发菌平衡。养菌期间翻堆4~5次。翻堆时认真检查杂菌,及时处理,对污染较轻的袋可用针筒在患处注射75%酒精加36%甲醛混合液或氨水,然后用胶布封注射口。对污染严重的,采取破袋取料,用3%石灰水拌料闷堆一夜,摊开晒干。

☞ 218. 为何要进行散堆和刺孔通气?

接种初期气温较低,一般墙式堆叠,有利于提高堆内温度,加快发菌速度,同时合理利用有限场地。随着菌丝的生长发育日趋旺盛和气温的逐渐升高,培养场地的温度也不断升高,须及时疏散菌棒,每层菌棒之间都留空隙,堆成较稀疏的三角形或"井"字形,并结合通风换气和降温降湿措施,防止菌棒吐黄水、烧菌闷堆现象的发生。散堆一般结合刺孔通气进行。在发菌过程中有时会出现香菇菌丝生长受抑制,或出现白色瘤状突起物是菌棒内缺氧现象,需刺孔通气。菌丝体生长发育阶段一般刺孔1~2次,刺孔量依菌棒含水量、紧实度及品种灵活掌握。

☞ 219. 怎样掌握香菇菌棒脱袋时间?

(1)看菌龄,一般菌种在22~25℃的条件下,接种60 d左右即可达到生理成熟,就可转入脱袋。

(2)看形态,生理成熟的菌袋,表面菌丝起蕾发泡,呈肿瘤状凸起,且占袋面的2/3左右,培养料与料袋间出现空隙,形成此起彼伏、凹凸不平的状态。

(3)看色泽,菌袋内布满洁白菌丝,长势均匀旺盛,气生菌丝呈棉毛状。接种穴或袋壁局部出现红色斑点,标志生理成熟了。

(4)看基质,手抓菌袋有弹性感表明达到生理成熟。

☞ 220. 香菇脱袋工序需注意什么?

(1)注意选择时间,不宜在雨天或大风天气进行。

(2)注意掌握气温,气温高于25℃或低于12℃时暂不脱袋,脱袋最适温度为18～22℃。高于25℃菌丝宜受伤，低于12℃脱袋后转色困难。

(3)注意及时罩膜，要求边脱袋、边排棒、边盖膜。

(4)注意断棒吻接，局部污染的菌袋，在脱袋时只割破未污染部位的薄膜，留出1～2 cm，把受害部位的薄膜留住，防止杂菌孢子蔓延。如果污染部分大，用刀把污染部分去掉，把无污染的菌棒收集在一起，进行人工吻合，一般3～4 d菌丝生长自然吻合后可形成整棒。

☞221．香菇菌筒转色是怎么一回事？

脱袋排场后的菌棒，由于全面接触空气、光照、露地湿度及适宜湿度，加之菌筒棒内营养成分变化等因素的影响，便从营养生长转入生殖生长，菌棒表层逐渐长出一层洁白色绒毛状的菌丝，接着形成一层薄薄的菌膜，同时开始分泌色素，吐出黄色水珠，菌棒由白色转为粉红色，通过人工管理，逐步变成棕褐色，最后形成一层树皮状的菌被，这就是所说的转色。通常在适宜的环境条件下，需要12 d左右结束，再经过3～4 d的温差刺激便萌发菇蕾。

☞222．香菇转色过程怎样进行干湿交替和光暗刺激？

转色过程除了控温、喷水、变温外，还必须进行干湿交替和光暗刺激。

(1)干湿交替刺激：喷水后空气越流通，菌筒越易转色。在转色管理时既要喷水，又要注意通风，使干湿交替。但又要防止通风过量，菌筒失水。特别是含水量偏低的菌筒更应引起注意。往往脱袋过早，菇床保湿条件差的菇场，菌筒表面容易失水，形成硬膜，也不易转色。因此在通风换气时，还要注意结合喷水保湿，人为创造干干湿湿的条件，促使加快转色。

（2）光暗刺激：菌袋在室内培育时一般光线较暗，脱袋后在棚内宜“三分阳，七分阴”的光线刺激，有利于转色和诱导原基分化。

☞ 223．香菇菌棒为什么不转色？

菌棒不转色或转色太淡的原因：①菌龄不足，脱袋太早，菌丝生理没有成熟。②菇床保湿条件差，温度偏低，不适合转色要求。③脱袋时气温偏高，喷水时间太迟，或脱袋时气温低于 12℃。

☞ 224．香菇菌棒不转色如何补救？

（1）喷水保湿结合通风，连续喷水 2～3 d，每天一次。

（2）检查菇床罩膜，修理破洞，罩紧薄膜，提高保湿性能。

（3）菌棒卧倒地面，利用地温地湿，促进菌棒一面转色后再翻一面。

（4）因低温影响的，可减少遮阳物，引光增温，中午通风。

（5）若有高温引起的，应增加通风次数，同时用冷水喷雾降温。

☞ 225．秋季的香菇如何管理？

（1）控制出菇温度：秋季气温多变，高低不稳，若温度一直处于 20℃以上时，原基不宜形成子实体，可在早晚气温低时，揭开薄膜通风散热。温度低于 12℃时，可在中午将遮阳棚摊开些，让一定的阳光照射，增加热源。

（2）干湿交替，冷热刺激：第一批菇采完后，必须停止喷水，并通风,使菌筒干燥。约 7 d,当菌筒采菇后留下的凹陷处发白时,白天可进行喷水,并盖紧薄膜,提高湿度,晚上揭膜通风,使菇床有较大的温差和菌筒干湿差。经过 3～4 d,第二批子实体迅速形成。

(3)保持空气相对湿度:出菇期空气相对湿度 90%左右为宜。

(4)调整好光源。

226.为何要进行人工催蕾,催蕾的措施有哪些?

为了在适宜的气候条件来临前使菇蕾整齐发生,可利用气象预报采取科学的人工催蕾方法。具体措施:①温差刺激法。白天将菇棚内塑料薄膜紧盖,使温度升至 18～20℃,夜间掀膜,降温,拉大昼夜温差进行催蕾。②补水(湿差)刺激法。对水分偏低的菌棒进行浸水或注水。补水一般要求水温低于气温 5～10℃,在创造湿差刺激的同时也起到了温差刺激作用。③击木催蕾法。通过振动拍打菌棒,达到催蕾目的,相当于砍花法和段木栽培法中的惊草。④堆盖膜法。在低温季节将菌棒移至棚外阳光充足处成堆盖膜,白天使堆内温度升至 20℃左右,夜间掀膜降温,经连续 3～5 d 的处理可刺激菇蕾发生。这些方法适于各香菇菌种,可结合生产实际使用。

227.香菇主要出菇方式有哪些?

(1)高棚脱袋栽培普通菇:正确把握脱袋时机。如庆科 20 菌种最适出菇温度 14～18℃,昼夜温差达 10℃左右对出菇十分有利。当日最高气温逐渐降低到 18℃ 以下,并经连续 3～5 d 的适温刺激后的晴天,为最佳脱袋时间,这样第 1 潮菇发生整齐。出菇期要适时适量喷水,使菌床湿度保持 80%～90%,并注意通风换气。

(2)高棚层架栽培花厚菇:花厚菇栽培目前以见蕾割袋出菇方式为主,生产管理要做到适时割袋,合理剔蕾,保湿育幼菇,控湿促花菇。经催蕾刺激后当菇蕾长至1～1.5 cm时割袋最适。当子实体长至3 cm左右时,应将棚内湿度调至55%～65%,以利花菇形成。在每年的立冬至次年交春期间,气温低于10℃时,可通过减少菇棚顶部遮阳物,提高棚内温度和光照,有利于加快生长和提高香菇品质。

☞ 228. 如何使寒冬多出香菇?

(1)引光增温:冬季野外菇场寒冷,可把薄膜放低、罩严,增加地温。同时选择晴天把遮阳物减少,让阳光透进场内,增加热源。晚上盖严防寒。

(2)选择通风时间:每天选择温度较高时通风一次,时间不要很长。

(3)控制湿度:冬季不宜喷水,只要保持湿润,不致干枯即可。

☞ 229. 春季的香菇如何管理?

主要做到"六要六防":①菇床揭膜要灵活,防缺氧。②喷水管理要看天,防霉菌。③干湿交替要讲究,防失控。④采菇加工要适期,防开伞。⑤菌筒清理要适时,防污染。⑥菌筒补液要适量,防止过湿。

☞ 230. 香菇菌棒为什么要浸水?

采过几批菇后,菌筒重量明显下降,子实体形成受到抑制,如不及时浸筒补水,产量就会受到影响。为使菌丝尽快恢复营养生长,加速分解和积累养分，奠定继续长菇的基础，就必须及时浸水补肥。

☞231. 香菇菌棒浸水如何操作？

当菌棒含水量比原来减轻 1/3 时即说明失水，应浸水。常用的方法是用 8 号铁丝在菌棒两端打几个 10～15 cm 深的孔洞，然后按失水程度，分别搬离菇床，整齐排叠于浸水沟内加盖木板，用石头等重物紧压，再把清水灌进沟内，以淹没菌棒为宜。鉴定菌棒是否吃透水，可用刀将菌棒横断切开，看其吸水颜色是否一致，未吃透的部分，颜色相对偏白。

☞232. 花菇是怎样形成的？

花菇是香菇中的上品，它是在特殊条件下形成的一种高贵的畸形菇。菇体生长中，处在干燥环境下，导致菌盖表皮细胞逐渐干涸，菌内细胞照常不断分裂，到一定程度，菌盖表皮裹不住菌肉的张力，被迫碎裂成各种各样菊花瓣状花纹。这种异常现象继续下去，其裂痕也逐渐加深，洁白的菌肉细胞又形成一层防护膜，使白色伤痕变成淡褐色，形成花斑，即所谓花菇。

☞233. 发生香菇菌棒霉烂的原因是什么？

菌棒霉烂表现为脱袋转色期间发现黑色斑块，手压有黑水渗出，闻有臭味。主要原因是：①脱袋后气温变高，特别是雨天，通风不良，造成高温高湿，引起杂菌滋生。②发菌期绿霉菌没有及时检出处理干净，而潜伏料内，脱袋后温湿度适宜而加快繁殖。③脱袋太迟，黄水渗透基内，引起杂菌污染。④菇场位置过阴，周围环境条件差，气流不畅。

☞234．发现香菇菌棒霉烂后怎样处理？

（1）隔离另处，把菌棒集中到一个菇床上，地面撒上石灰水。

（2）先用多菌灵水溶液涂局部受害处，再用石灰水涂刷，待干燥后盖膜，连续 2 d。

（3）控制喷水，防止湿度偏高。

（4）增加通风次数，保持菇床空气新鲜。

（5）菇棚四周遮阳物过密的，应开南北向通风窗，使空气对流。

☞235．香菇畸形菇发生的原因是什么？

除了菌种不合格或病毒感染之外，人为主要原因如下：①品种选择不对路。②发菌管理不当。③脱袋转色不合标准。④菌棒浸水不适宜。⑤控温保湿不合理。

☞236．防止畸形香菇发生的措施是什么？

（1）了解种性，防止引种失误。

（2）了解菌丝成熟特征，防盲目脱袋。

（3）掌握转色规律，防止温度失控。

（4）掌握变温原理，防止温差刺激不够。

（5）及时适量浸水，防止水量过高过低。

（6）催菇方法要适当，防止偏干偏湿。

（7）适时采收，防止过熟。

☞ 237. 香菇在反季节栽培中容易出现哪些类型的畸形菇?

香菇在反季节栽培中,往往因生产条件的调控不到位而产生畸形菇,影响菇品的商品质量及其价值。畸形菇的主要表现菌盖为小而薄、菌盖灯罩形、菌盖波浪形、菌柄空心、菌柄从裂缝中长出、菌柄扭曲以及蜡烛菇等。

☞ 238. 香菇栽培中如何防止菌盖小而薄或菌盖灯罩形?

发生原因:一是没有完成转色,即进行出菇;二是基料营养明显不足;三是生长的温度偏高。

防治办法:控制条件进行转色;叶面喷施营养素,增加菌盖厚度;气温较高时采取有效的降温措施。

☞ 239. 香菇栽培中为什么会出现菌盖波浪形的畸形菇?

菌盖发生波浪形主要是幼菇发育阶段接受了较大温差,同时环境的湿度变化亦很大,尤其当大水直接喷淋于菌盖时,很快就有较大风流吹过,容易发生此种情况。

防治方法:发生菇蕾后,应保持较平和的温度和湿度,尤其夏季反季节栽培时,菇棚的温度往往是决定子实体能否正常发育的基本条件。

☞ 240. 香菇栽培中为什么会出现菌盖不圆整的现象?

发生原因:主要是幼蕾阶段没有及时切开塑膜,没有及时疏蕾处理,使菌盖受到挤压。

防治方法:幼蕾阶段及时割膜,并进行疏蕾处理,一般只选1～2个幼蕾,勿使过多。

☞241.香菇生产中如何防止菌柄不正常?

菌袋含水率过低,空间湿度太小易造成菌柄细长空心和菌柄从裂缝中长出。低湿度下,弱光照较强或光线角度变换过频时,易发生菌柄扭曲现象。

防治方法:每采收一潮后,即应进行泡袋处理,一般浸泡24 h即可使之恢复原重,保持菇棚空气湿度在85%以上,并保持1 000 lx的散射光。

☞242.什么叫蜡烛菇?

蜡烛菇是香菇反季节栽培中出现的一种畸形菇,特征是光秃秃的菌柄上,没有正常的菌盖组织,形似蜡烛。

发生原因:一是菇蕾阶段菌盖组织受损,二是棚内二氧化碳浓度过高。

防治方法:及时割膜;疏蕾时注意不要伤及欲留蕾;坚持较好的通风,保持棚内较清新的空气条件。

☞243.香菇袋内菇发生的症状及防治方法是什么?

子实体被束缚在袋内,长不成形,即袋内菇。经过一段时间后,子实体感染绿霉,容易导致烂棒。

此症状是由于菌棒培养时翻堆次数太多,培养室温差太大,光线太强。

防治方法:菌棒翻堆次数以3～5次为宜,发现袋内菇后,割袋将子实体连根拔除。

☞244．香菇菌袋退菌现象及防治方法是什么？

退菌现象：在香菇走菌期，菌丝由白变黄，菌袋内菌丝生长的部位变为木粉原色。此症状是由于走菌期温度在35℃以上，菌袋翻堆次数不够造成的。

防治方法：避免高温季节制袋培养，培养期长的菌棒，要进行打孔增氧处理。

☞245．香菇保鲜方法有哪些？

目前保鲜方法主要有冷藏库保鲜法、循环式气调冷库保鲜法、薄膜包装贮藏法和速冻保鲜法4种。

☞246．有机香菇的分类标准？

有机香菇的分类标准参照目前我国香菇分类等级为：a. 花菇（白花、茶花）；b．冬菇；c. 厚菇；d. 薄菇；e. 等外菇；f. 菇片；g. 菇屑；h. 菇柄；鲜香菇分鲜花菇、鲜菇、鲜等外菇三类。外贸分类和产地分类依据具体情况可能有所不同。

金针菇栽培技术

☞247．金针菇主要栽培品种有哪些？

（1）黄色金针菇菌株：①川金2号。②川金菇3号。③川金4号。④川金6号。⑤F2153。

(2)白色金针菇菌株:①F8801。②江山白菇。③F4。④川金5号。⑤引入的日本品种。

☞248. 栽培金针菇的方法有哪些?

栽培金针菇的方法有瓶栽、袋栽和床栽等多种方式,其中以瓶栽最为普遍。

☞249. 瓶栽或袋栽金针菇培养料的配方是什么?

(1)木屑培养基:木屑70%,米糠或麦皮27%,蔗糖1%,石膏粉15%,碳酸钙0.5%,水适量。

(2)棉子壳培养基:棉子壳75%,米糠或麦皮22%,蔗糖1%,过磷酸钙1%,石膏粉1%,水适量。

(3)甘蔗渣培养基:甘蔗渣75%,米糠或麦皮20%,玉米粉3%,蔗糖1%,石膏粉1%,水适量。

(4)玉米芯培养基:玉米芯70%,米糠或麦皮25%,蔗糖1%,石膏粉2%,过磷酸钙1%,碳酸钙1%,水适量。

☞250. 如何制作瓶栽或袋栽金针菇的培养料?

按上述配方任选一种,称取各原料混合后加水拌匀,含水量掌握在65%左右,然后装入广口瓶或塑料袋内。揩净,塞上棉塞,移入高压锅或蒸笼中灭菌。高压锅灭菌的在1.5 kg/cm^2压力下保持15 h;上蒸笼或上消毒灶的,烧开后保持6~8 h。

☞251．如何接种瓶栽或袋栽金针菇的培养料？

灭菌后搬入接种箱或无菌室，料温降到25℃左右时，就可以无菌操作，将菌种接入瓶子或塑料袋内的培养基中，每瓶菌种可接60～70瓶（袋）。

☞252．瓶栽或袋栽金针菇发菌期如何管理？

接种后将瓶或袋移进培养室，温度控制在22～25℃，菌丝生长蔓延后，由于菌丝的呼吸作用会产生发酵热，比室温高3～4℃，所以室温比菌丝生长的适温可低3～4℃。一般接种后2～3 d，菌丝就开始萌发，10 d后就能向料内纵深蔓延生长，约经1个月，菌丝就能长满全瓶。由于金针菇栽培过程容易发生杂菌，在发菌阶段要认真检查，发现杂菌感染应及时处理或挑出，防止扩散蔓延。

☞253．瓶栽或袋栽金针菇出菇期如何管理？

（1）菌丝长满后，要立即进行搔菌，即将表面的老菌种刮掉，以促进原基和子实体形成。这时要加强通风和保持一定的散射光进行催蕾培养。

（2）子实体长出后，温度控制在8～14℃，空气相对湿度保持90％～95％，并进行缓慢的通风换气。

（3）金针菇的主要食用部位是清脆的菌柄，以菌柄长而嫩的品质最高。因此当子实体形成后，在瓶口或袋口套上15 cm高的牛皮纸袋或用黑布遮住栽培房的门窗，促进菌柄生长，以获得小菌盖长菌柄的金针菇。

☞254．瓶栽或袋栽金针菇何时采收？

一般菌柄长至13～14 cm，菌盖直径2～3 cm时就可采收。采收时，先取下纸袋，轻握菌柄，轻轻摇动拔起，要防止折断菌柄或带出培养料。采收后，整平瓶面或袋面，按同样方法管理，可继续长出第二批菇。待第二批采收后，将培养料挖出，铺于地面或床架上，做成厚10 cm的床畦，稍压实，覆盖塑料薄膜，经20 d左右又可再长1～2批菇。

☞255．工厂化栽培金针菇的生产工艺流程是什么？

目前绝大多数工厂化栽培金针菇企业的生产工艺流程主要包含以下几个方面：装瓶（袋）→灭菌→冷却→接种→菌丝培养→催蕾→抑制→套筒→采收→分级包装。

☞256．工厂化栽培金针菇催蕾时如何管理？

温度：目前在我国栽培的金针菇分为黄、白两个品系，黄色金针菇为高温型，原基形成温度为10～14℃，纯白金针菇为低温型，原基形成温度为10℃左右。金针菇是一种变温结实性菌类，适当的温差刺激能诱导子实体原基大量发生。同时，金针菇子实体具有丛生的特性，基于金针菇以上的生物学特性，生产者在催蕾过程中就要抓住变温刺激和搔菌这两个主要矛盾。搔菌时，把菌种块及老菌皮一起刮掉，露出新的培养料，最后要把露出的新培养料面压平。出菇室的温度白天设定在12℃，夜晚设定在8℃，形成4℃左右的温差。

湿度：经过搔菌后的菌瓶（袋），由于其表面露出新的培养料，所以，应提高出菇室的空气相对湿度至85%～90%，防止表面干燥，影响菌丝恢复生长。湿度太低，气生菌丝会过于浓密，但湿度也不应超过90%，湿度过大，原基下部会出现大量暗褐色液滴，引起病害，导致杂菌感染。

空气：金针菇是好氧性真菌，尤其在生殖生长阶段，菌丝体呼吸作用旺盛，出菇室内的CO_2含量升高，容易造成氧气不足，菌丝体活力下降，影响菇蕾的形成。所以在催蕾过程中应加大出菇室的通风量，每天早、中、晚各通风30 min。

光照：金针菇是厌光性菌类，在完全黑暗的条件下不能形成子实体原基，微弱的光线能促进子实体原基的形成。出菇室内15 W灯泡吊离瓶（袋）面3 m高度，每日照射12 h就能满足催蕾过程对光照的需求。

☞257.工厂化栽培金针菇抑制时如何管理？

所谓抑制就是在催蕾结束后，原基已经基本形成，菌盖刚刚分化出来，并长至1～2 cm时，所采取的一项技术措施。此时通过低温、强光、强风的配合作用，达到减缓菇蕾发育速度，使其菇蕾的整齐度和品质都得到提高。

温度：金针菇子实体发育的最低温度是3℃，低于3℃子实体就停止发育，当把出菇室温度调至3～5℃时，子实体发育速度明显减缓，但菇柄和菇盖则变得更加壮实，整个菇丛变得更加整齐。

湿度：抑制阶段的子实体抗逆性较差，湿度过低易导致子实体干缩萎蔫。此阶段还要加大通风量，所以应保证出菇室湿度不低于85%。

空气：为了抑制菌柄和菌盖的发育速度，需要调整出菇室氧气和CO_2的比例，加大通风量能提高出菇室氧的含量，降低CO_2含量，同时带走菇盖和菇柄上过剩的水分。减少病害的发生。在抑制期，工厂化栽培金针菇的企业应根据出菇室的实际情况，如菌袋的数量、密度、湿度大小，进行适量的通风。

光照：因为金针菇属厌光性菌类，所以光照对金针菇子实体的发育能产生巨大的影响，其主要作用表现在能抑制菌柄的生长，强光能使子实体的颜色变深，菌盖容易开伞。在抑制期，可利用金针菇的这一生物学特性，来抑制菌柄过快的生长。但这一措施是和低温与大通风量配合使用才能起到良好的抑制作用。

☞ 258．工厂化栽培金针菇套筒育菇时如何管理？

当菇蕾长到 3～4 cm 时，就要适时套筒。套筒的目的是为了提高金针菇周围 CO_2 浓度，促使菌柄快速生长，同时要抑制菌盖过快发育的一项技术措施。套筒的长度因各金针菇工厂分级采收标准不同而有所不同，一般以长于一级菇柄长的 1～2 cm 为宜。

温度：白色金针菇子实体发育温度为 5～8℃，低于 5℃生长发育迟缓，延长生产周期，高于 8℃生长速度加快，易开伞，高于 15℃容易发生病害。最适宜的温度区间应设定在 5～6℃。子实体发育健壮。

湿度：套筒育菇阶段的湿度管理对金针菇品质有较大的影响，当出菇室内相对湿度超过 90%，则易产生水菇，菇上长菇现象，易发生病害。低于 75%，子实体生长不良，产生发黄的现象。因此，在套筒后的育菇阶段，出菇室相对湿度应控制在 80%～90%为宜。

空气：金针菇子实体周围空气中 CO_2 含量的高低，是决定金针菇子实体菇盖大小和菇柄长短的主导因子，提高其空气中的 CO_2 含量，对菌柄生长有促进作用，对菌盖生长有抑制作用。当 CO_2＞10 000 mg/kg 时就会抑制菌盖发育，CO_2＞50 000 mg/kg 时，子实体无法形成，CO_2 浓度在 30 000 mg/kg 左右时，菇柄不会过度伸长，而菇盖生长则能受到抑制，子实体的重量因菇柄伸长而增加，人工栽培金针菇可利用这一特性，当子实体长到3～4 cm时套筒，可抑制菇盖生长，促使菇柄伸长，从而提高栽培产量。如何进行通风换气才能满足金针菇对高浓度的CO_2需要，就显得尤为重要。要根据栽培量的大小来决定通风的强度，以及通风时间的长短，可采用间歇式的通风方式，每隔12 h通风30 min。

光照：金针菇子实体具有强烈的向光性，对光线特别敏感，栽培容器位置改变会使菌柄扭曲，菇体的色泽受光线的影响较大，特别是菌盖的顶部及菌柄的下半部，长期受光照的刺激易形成深褐色，但对红光和黄光不敏感。在完全黑暗的条件下，子实体菌盖不能发育或发育不良，子实体分枝较多，生长不整齐。在套筒育菇阶段，35 W红灯吊离瓶（袋）面3 m高度，每天照射6 h，即可满足套筒生育阶段金针菇对光照的要求。菌袋或光源位置经常移动，会使金针菇丛长成散乱的状态。所以，套筒后不要随意移动菌袋或改变光源的位置。

黑木耳栽培技术

☞259. 栽培黑木耳如何安排季节？

黑木耳是一种木腐菌，属于中高温型菇类，菌丝生长适温范围为6～35℃，最佳为22～28℃；耳片生发及生长的适温范围在15～35℃，最适温度为20～28℃。传统的段木栽培方法，生产周期长，资源受到很大的限制。随着木耳需要量的增加，代用培养料栽培在生产上已广泛应用。具体栽培时间可根据各地的气候条件、栽培模式、管理技术等自行调整。按一级、二级、三级程序生产菌种，制种日期一般是将计划出耳的日期向前推3个月。长江以北地区可分别安排在3～5月份和9～11月份出耳。近年来，黑木耳栽培大多直接使用二级种，这样可以节省40 d，制种日期向前推

2个月便可。南方制袋可选10月上旬至11月份，高山地区可适当提早，这段时间比较理想，此时室温在28～15℃，空气对湿度65%左右，且气温渐低，杂菌活动处于低潮，有利于黑木耳菌丝发菌，也有利于早春出耳。

☞ 260. 栽培黑木耳如何配比原料？

黑木耳是木腐菌，用木屑作为培养料，其营养成分能满足黑木耳生长发育的需要。适合栽培香菇及木耳的树种均适宜栽培袋料黑木耳。松、杉、柏等由于含有油脂、醇、醚等物质，樟科和安定香料的树种也含有芳香性物质，这些树种木屑必须经过处理后才能栽培黑木耳，否则不宜选用。木屑以8 mm的筛孔一次性粉碎成粒形为好，棉子壳、稻壳粉也是理想的栽培料。麸皮、米糠等可作辅料。原料要求新鲜、无霉变。其配方如下：①杂木屑80%；麸皮18%；石膏粉1%；蔗糖1%；水适量。②杂木屑68%；稻壳粉15%；麸皮16%；石灰0.5%；糖0.5%；水适量。③杂木屑65%；棉子壳24%；麸皮15.5%；石灰0.5%；含水量以50%～55%为宜。因黑木耳菌丝纤细，发菌较慢，培养料稍干，空隙大，氧含量较充分，可使木耳菌丝明显加快，对后期(出田管理)有利。

☞ 261. 栽培黑木耳的菌袋有哪些？

根据黑木耳栽培方式及模式的不同，菌袋分为长菌棒、小菌袋、大菌袋和立式菌袋。长菌棒和小菌袋现在很少采用。大菌袋用宽20～28 cm、长45 cm的聚丙烯塑料袋装料而成，栽培模式有层架式出耳和集约化生产。立式菌袋用宽20～28 cm、长30～35 cm的聚丙烯封底塑料袋装料而成，每袋装料0.5～0.7 kg，栽培模式有地栽模式、床架模式等。

☞262. 黑木耳菌丝体生长不同阶段如何管理？

在无菌条件下操作，黑木耳用整块菌种接入，接种后转入培养室培养。培养室应事先打扫干净，用硫黄熏蒸消毒或用5%的苯酚或过氧乙酸喷洒墙壁、空间及地面。待药剂的气味散发后，再搬进接种后的菌袋堆成平行堆或“井”字形。菌丝进入以下几个生长期。

萌发期：即接种后15 d内，室内温度前10 d以26～28℃为宜，使菌丝在最适的环境中加快吃料，发菌蔓延，占领培养料，成为优势，减少杂菌污染，但不宜超过30℃，10 d后随着菌丝的生长发育，袋内温度逐渐上升，一般袋温会比室温度高2～3℃，因此要把室温调节在22～24℃。

健壮期：20 d后菌丝分解吸收营养能力最强阶段，菌丝呈现旺盛、雄壮，新陈代谢加快，袋温继续升高，室温以22℃左右为宜。此时因特别注意散堆，防止气温反常，应加大通风次数。

成熟期：即40 d之后，菌丝进入生理成熟阶段，即将由营养生长过渡到生殖生长，袋温逐渐下降保持20℃左右，观察温度变化，注意菌筒变化，及时散堆，避免“烧菌”。发现大部分菌袋的接种块处有原基现出时转入出耳管理。

☞263. 栽培黑木耳时如何选择场地？

为了获得黑木耳高产，必须要有满足黑木耳生产的场所，首先选场应在耳林附近背风向阳的地方，场地要求要有浅杂草，地势比较平坦，日照较长，日夜温差小，早晚有雾罩，靠近水源，湿度比较大，最好选在有少量的树林中，并有阳光照射为好。露天栽培菌棒无须覆盖薄膜，不搭建阴棚，露天排场，使其空气流畅。

☞264．刺孔后如何进行适度养菌？

黑木耳菌丝满袋后放置1周左右进行刺孔，刺孔用专用的打孔器，小孔木耳打孔100～150个孔，孔深1～2 cm。打孔后菌袋表面菌丝和孔内菌丝均受到损伤，致使其抗杂菌侵染能力下降。若刺孔后直接排场置于露天，遇雨天，容易引起杂菌侵染。晴天经日光暴晒，菌袋料体表面和刺孔部位水分散失，易造成料体与菌袋薄膜脱离，菌丝活力下降，孔内菌丝恢复缓慢，影响孔内菌丝扭结和耳基形成，同时极易引发大面积杂菌感染。刺孔后如果养菌时间过长，孔内菌丝完全恢复把刺孔口覆盖，未能起到刺孔作用。实践表明：耳筒刺孔后在室内“井”字形堆放养菌5～7 d，适当增加养菌场所的光线强度，孔内周围菌丝出现绒毛状，再移出室外下地排场为好。菌筒刺孔后的菌丝活力恢复良好，下地后没有出现二次感染杂菌情况，下地3～5 d后再开始喷水管理，菌筒耳基正常形成。

☞265．催耳管理方式有哪些？

催耳方式有两种：一种是室内催耳，另一种是大地出耳床直接催耳。催耳应以控温、保湿为主、通风为辅的原则。采用室内催耳时，温度控制在20℃以下，打孔后菌丝恢复前室内应保持干燥，菌丝恢复后向地面洒水或加湿器加湿，湿度控制在80%～85%，并加强通风换气，当出耳孔出现耳基后，进行大地摆放管理。室外大地出耳床直接催耳时，将打好孔的菌袋密植摆放在菌床上集中催耳，摆放密度为50袋/m^2（两床的并在一床上），上盖塑料膜，膜上盖草帘，注意保湿控温，湿度控制在80%～85%，夜晚通风20～30 min，湿度不足时向地面浇水。床内温度超过25℃应通风降温,或向草帘上喷水降温,如果温度仍然不下降就应分床,或者耳芽出齐后即分床。

催芽完成的标准:耳芽达到黄豆粒大小,并且有80%以上的孔中都有耳发生。

☞266. 出耳分床后如何管理?

(1)将菌袋移至出耳场地,均匀地摆放在出耳床上,摆放密度25袋/m^2,分床后要停水一天,使耳芽干燥,然后再进行浇水管理。

(2)浇水时要把握干干湿湿,干湿交替原则,即浇7~8 d水,停水1~2 d,把耳片晒干,再浇水。如此反复。

(3)浇水要结合温度进行,具体做法是:温度超过30℃不浇水,温度低于30℃勤浇水。在夏季有自动灌溉时,设置控制时间为隔50 min喷淋10 min,白天不浇水,下午6点后至第二天早6点浇水。

(4)木耳浇水管理原则为,看天浇水,看耳给水。所谓看天浇水就是说高温时不浇水,低温时勤给水,看耳给水就是耳片小时浇水少而勤,耳片大时浇水时间要适当延长。原则以耳片充分吸水为准,湿了就停,干了就浇。

☞267. 栽培黑木耳时如何进行采收?

(1)采收时间:木耳成熟后要及时采收,须做到勤采细卖,不然就会烂掉。进行人工喷水的木耳不受时间限制,随时都可采收,依靠雨天生长的木耳,一般都是在雨后天晴时采收。

(2)采收方法:为了不影响产量,最好采大留小,不能大小一起采收,但特别注意木耳成熟期,该采即采,不能推迟下次雨后采,以免淋烂木耳，在采收的同时，撤去杂草，并将耳棒翻个面，让它接受阳光，使下次出耳整齐一致。

(3)采后处理：木耳采收后应及时晒干，晒时小心翻动，以免成卷耳，木耳晒干后，应选除树皮、杂质、分等级保管，及时销售。

☞ 268. 黑木耳栽培应注意的问题有哪些？

黑木耳木屑袋栽存在的主要问题是霉菌污染。这是因为木耳菌棒缺少像段木树皮的保护层，像香菇菌筒的菌皮层，因此，才会导致病菌感染。另外，黑木耳菌丝纤细，缺乏像香菇菌丝的强壮及抗逆能力，又因黑木耳是胶质菌，在出耳芽以及出耳阶段，如果温度、湿度管理不善，通风不良，容易招引致病虫害。对此采用不搭建阴棚，不用薄膜覆盖的露地栽培法，是解决通风、降湿的有效措施，可避免杂菌及虫害的滋生机会。还有适当安排出耳时间，在早春气温、湿度、空气等优越条件下出耳，使菌棒高产、优质得到保证。

银耳栽培技术

☞ 269. 银耳对温度要求如何？

银耳是一种中温型、耐旱耐寒能力强的真菌。担孢子在15～32℃可萌发为菌丝，以22～25℃最为适宜。菌丝抗逆性强，2℃菌丝停止生长，在0～4℃冷藏16个月仍然有生活力。菌丝的生长温度为6～32℃，以23～25℃生长最适宜。30～35℃易产生酵母状分生孢子。35℃以上菌丝停止生长，超过40℃菌丝细胞死亡。子实体生长发育在20～26℃最好，且耳片厚、产量高。长期低于18℃或高于28℃，其子实体朵小，耳片薄，温度过高易产生“流耳”。香灰菌菌丝生长的适宜温度是 26℃。靠自然温度出菇时，当地气温需达到 20℃以上。

☞270. 银耳对湿度有什么要求？

水是银耳进行生命活动的首要条件，孢子在相对湿度 70%～80%的条件下可萌发成菌丝，菌丝不断生长、分化产生子实体。子实体在相对湿度 80%～90%的条件下迅速发育，若相对湿度超过 90%，则不易萌发成菌丝，而以芽殖形式出现，而且萌发的菌丝柔弱纤细稀疏，子实体分化不良或胶化成团成堆。

☞271. 银耳对光照和氧气有什么要求？

强烈的直射光不利于银耳菌丝萌发及子实体分化，而散色光能促进孢子的萌发和子实体的分化，所以适宜的散色光使银耳质地白且优。银耳是一种好气性真菌，菌丝萌发对氧气需要随菌丝量增加而增加。子实体分化，耳大氧多，耳小氧少，氧气充足，子实体分化迅速。若在缺氧状况下，菌丝生长缓慢，子实体分化迟缓。

☞272. 银耳菌丝体有什么特点？

银耳菌丝体是一个混合菌丝体，其生物学特征与众不同，它由纯银耳菌丝和伴生菌(即称香灰菌丝、耳友菌丝、羽毛状菌丝)构成的一个组合体系。伴生菌的香灰菌丝，能把银耳纯菌丝无法利用的纤维素、木质素、淀粉等分解成可以吸收的养分，因而是银耳菌丝生长发育的“开路先锋”，能促进银耳孢子萌发。

(1)纯银耳菌丝表现为两部分，在培养基表层为白色、淡黄至鹅黄色，气生菌丝短而密，集结成团，俗称“白毛团”；另一部分延伸渗透到基料中，呈粉状，边缘整齐，长速极慢，菌龄长时菌丝弯曲，易在料面组成团，逐步胶质化，形成刺状耳芽、片状耳瓣。最适生长温度20～22℃，耐干性强，但不耐低温。

(2)香灰菌丝白色，主枝细长，有对称的侧生分枝。形似羽毛，故称“羽毛状菌丝”。长速快，爬壁力强，成熟菌丝会分泌浅黄或黄褐色，基部带暗绿的色素。气生菌丝灰白色，细绒状，表面碳质黑疤间或有黄绿色呈草绿色分生孢子，能产生色素。使培养基变黑色。最适温度22～26℃，但不耐干燥，遇低温活力降低，潮湿条件生长比较旺盛。

☞273. 获得银耳菌种的方法有几种？

(1)孢子弹射分离法。把成熟的耳片悬于培养基的上方，待担孢子射落，在培养基表面形成酵母状分生孢子菌落后及时除去耳片，再移植扩大，得到银耳纯的孢子种。但这种方法只有在有香灰菌丝存在的地方(有香灰菌的孢子飞散的地方)使用，或与羽毛状菌丝配合后，才能栽培成功。

(2)组织分离法。该法又有耳片分离法和耳基分离法两种。取成熟的耳片，反复用无菌水冲洗，再用无菌滤纸吸干，切取一小片耳片或耳基，置于培养基上，让银耳组织块长出银耳菌丝。和第一种方法一样，不能单独使用，而且染菌的机会极大。因此，除非有一定的经验，否则不易成功。

(3)耳木分离法。这是目前使用的主要方法。耳木以野生的较好，可以得到有性系菌株。把耳木移入无菌箱中，在银耳着生的地方，取一块耳木屑移到培养基斜面上，塞上棉栓，分离至若干试管，分离就此结束。如果希望得到优良的品种，银耳子实体必须具有朵大、色白、片厚、抗病、耐热等优良的遗传特性。耳木分离的结果因耳木的质量、分离的技巧、培养基的种类与状态而有很大的不同。只有得到银耳菌丝和香灰菌丝，或者得到银耳芽孢（酵母状分生孢子）和香灰菌丝才可直接作为银耳栽培种的接种材料。

☞274. 如何进行银耳母种的扩大繁殖？

银耳母种的扩大繁殖指混合型菌丝母种的扩大繁殖。目前，在人工栽培的食用菌里仅有银耳和金耳，它们子实体的生长发育，甚至菌丝体的健壮生长都需要香灰菌（金耳需要粗毛硬革菌）。所谓混合是指将两种相应的菌丝体混接在一种培养基上的过程。当银耳菌丝长至类似绣球状黄豆粒大小（需要 5～6 d），在无菌条件下，向银耳母种试管中，距银耳纯菌丝团约 2 cm 处接入绿豆大小的香灰菌块（包括一些培养基）。在 22～24℃下恒温培养 2～3 d，可见白色的菌丝体，培养 13～15 d 菌丝体形成白色绒毛团（白毛团能否形成原基和子实体，是判断银耳菌种能否使用的重要依据），吐露金黄色水珠。此时为接种的最佳菌龄。而以后会出现菌丝自溶现象，有红、黄色水珠出现。

☞275. 如何进行银耳原种的制备？

原种培养基：杂木屑 79%，新鲜麦麸或细米糠 19%，糖（蔗糖或绵白糖）1%，石膏粉 1%，生石灰 0.5%，先将木屑、麦麸、石膏粉混匀，然后加入糖水再次混匀。含水量 48%～50%。如果以棉子皮为主料，其含水量应提高到 50%～55%。闷料 3～4 h，立即装瓶至 3/4 处，封口灭菌。在 0.15 MPa 下灭菌 1.0～1.5 h。接种时，每支试管斜面母种接 1～4 瓶原种。培养银耳原种时，在发菌的前 3～5 d 室温控制在 26～27℃，使其菌丝快速度过迟缓期，早萌发早发菌。待菌丝菌落达 3～5 cm 后，将室温调至 20～23℃，并注意常通风换气，保持空气相对湿度在 65%左右。时常检查有无杂菌，将带有杂菌和菌丝体长势弱的培养瓶及时清出。15 d后，将温度调至 18～20℃。培养 20～25 d 菌丝体满瓶即可使用。

☞ 276. 如何进行银耳栽培种的制备？

栽培种培养基与原种培养基基本相同，闷料 3～4 h 后立即装袋或装瓶。一般采用 17 cm×5 cm×0.04 cm 的聚丙烯塑料，每袋装干料 0.50～0.55 kg，封口后装入灭菌筐，在 0.15 MPa 下灭菌 2.0～2.5 h。接种在无菌条件下，用接种器接种，每袋可接三四个点，并外套一菌袋封袋培养。每袋原种可以接栽培种 60～80 袋栽培种的发菌培养与原种相同。

☞ 277. 栽培银耳如何把好菌种质量关？

优质的银耳在加工成小花银耳时，要把大朵形切成若干小朵，如果展片不松，外观难看，等级就难上。为此栽培菌种要选朵大形美、展片疏松、色泽鲜艳的品种，要选择牡丹花形和菊花形两种，而鸡冠形不适合。

银耳菌种质量要求：①菌龄 12～18 d 为适。②菌瓶内白色菌丝扭结团粗壮，吐露金黄色水珠。③银耳芽孢与香灰菌丝比例适当，香灰菌丝分泌物在料内呈灰褐色。④菌丝走势均匀、无间断、无感染杂菌，一定做到选优去劣，稍有怀疑宁弃勿取。

☞ 278. 银耳菌种退化表现与原因为何？

银耳菌种衰退，主要是香灰菌丝退化。菌丝初期呈白色、黑色，交叉圈状跟随进展，但不久黑色菌丝逐渐退缩，最终呈现白色纤弱菌丝。香灰菌丝退化后就不能分解吸收基内养分，更无法提供养分给银耳菌丝生长，原基也就无法形成，更谈不上出耳。

退化原因：①菌种传代次数过多，先天性香灰菌丝衰老。②低温偏干，发菌期香灰菌丝活力减弱。失去应有功能。③培养阶段温度较适于纯银耳菌丝生长，此时无休止地向香灰菌丝索取养分，使香灰菌丝压力增大，加速衰老死亡。④制种或栽培时，气温低于15℃或高于28℃，使银耳纯菌丝受到威胁，细脆断裂，生理性停顿，不能吸收养分，引起穴内白毛团逐渐萎缩，甚至枯干成粉状。⑤培养料配制中养分过高，香灰菌丝生长旺盛，相对抑制纯银耳菌丝转入生殖生长，子实体迟迟未能形成，直至出耳参差不齐，欠产。

☞ 279．接种时应注意哪些问题？

银耳1穴只长1朵子实体，一次性采收，因此对穴的深浅要求十分严格。如果接种穴太浅，会导致两个问题：一是菌种定植期遇高温干燥的不良环境时，菌种很快松散、萎缩；二是菌丝发育形成“白毛团”，紧贴在胶布上，在穴口揭布时，会一起带走“白毛团”菌丝，影响出耳。标准接种穴为直径1.2 cm，深2 cm。

☞ 280．接种完之后如何进行封口？

市场上有银耳封口专用小方块胶布，打穴接种后擦去袋面残留物，将胶布贴封在穴口上，使之紧贴袋膜。如果粘贴不紧，料袋灭菌时，水分会渗透胶布，易引起杂菌侵染。所以，胶布封口是不可忽视的一个环节。

☞281．如何进行银耳的水分管理？

根据银耳菌丝体的特点，在发菌阶段，袋栽培养基含水量一般不超过60%。以棉子皮为主的培养基含水量应以50%～55%为宜，以段木为培养材料时其含水量控制在42%～47%。以木屑为主的培养基含水量一般掌握在48%～52%。发菌阶段，室内空气相对湿度控制在55%～65%。在子实体分化发育阶段，逐渐提高空气相对湿度至80%～95%，干干湿湿相互交替的湿度条件有利于银耳子实体的生长发育。

☞282．银耳生长过程中如何通风？

银耳整个生长发育过程始终需要充足的氧气，尤其是在发菌的中后期，以及子实体原基形成后，即呼吸旺盛的时期更需要加强通风换气，特别注意的是一定要温和地通风换气。所谓温和是指空气新鲜、风速不大、气温和湿度适宜等。氧气不足时菌丝呈灰白色，耳基不易分化，在高湿不通风的条件下，子实体成为胶质团不易开片，即使成片蒂根也大，商品质量很差。

☞283．如何安排银耳栽培场所，掌握生产季节？

当今行之有效的银耳栽培方式，主要是代料袋栽，室内架层排放，也可以在院子两旁或房前屋后搭盖简易耳棚。耳房要求通风对流。银耳属好氧真菌，室内栽培常因单门独窗通风不良，造成缺氧耳片不易伸展而收缩。室内光照只需散射，忌直射。架层用竹木条搭建，分6～8层，层距30 cm，有条件的可用三角铁搭固定架，一个16 m^2 的房间一次可排放1 500袋。

通风增氧。随之菌丝开始分泌色素,黑色斑纹舒展有力,不断驱赶浓白菌丝,穴口吐出晶莹水珠,逐步转变为金黄色,继之耳芽出现。即由原基进入出耳阶段,室温以20～23℃为宜,注意通风,并微喷雾化水,增加空间湿度,要求80%左右。

☞288.出耳后如何管理?

管理原则是:出耳盖纸保湿,成耳停水养花。接种后15 d开始出耳,18 d出齐。长耳期结合通风和控温以保湿为主。出耳后把穴上的胶布撕掉,并用刀片沿老边缘割去薄膜1 cm左右,使菌丝增加透气;同时用报纸覆盖于袋面,并喷水,保持每天喷水2次,以报纸湿润不干为度。喷水必须结合通风,使空气新鲜,耳片伸展正常。当银耳子实体长到3～4 cm时,应把覆盖的报纸取出,置于阳光暴晒干,然后重新覆盖继续喷湿,每隔5 d进行一次,让子实体接触空气。室内相对湿度保持85%～90%,温度以23～25℃最适。银耳子实体长到25 d左右,是生活力最旺盛的"青春期",袋温上升,若气温超过27℃时,整天打开门窗通风,并喷雾空间降温。

长耳阶段要尽量延长子实体成熟期,可采取停水养花。一般25 d后,银耳子实体的上下层间夹着疏松的中层构成,随着子体层逐步胶质化,此时可逐渐减弱空间吸收水分的功能,而疏松的中层仍然在吸收水分。这时期是子实体增加厚度和重量的关键时刻,采取停水降低空间湿度,让基内菌丝极力输送所需的水分养分,使中层耳片迅速伸展至上层,造成花形圆大整齐,提高产量。同时由于停水,使耳片逐步干缩,也避免烂耳发生。通常这种停水养花管理,时间掌握5～7 d后,再行喷水增加空间湿度,使其继续生长至收获。

☞289. 如何分类采收银耳?

银耳子实体成熟标志:耳片全部舒展,富有弹性,没有耳芯,一般从接种日起到采收时为35～45 d。采收一次性割完,宜选晴天收割,用利刀朝耳座整朵割下,并挖去蒂头的黑色杂质,注意挖净。出口银耳要求蒂头净,朵形美观,挖时防止损坏朵形。根据朵形的大小分类挑选,凡含有耳芯的和畸形的,单独挑出作内销加工处理。

☞290. 如何进行银耳脱水加工?

银耳加工要根据客商的要求规格,如果是加工小花银耳,采收后挖净蒂头、杂质,分割成4～5小朵,置于清水内漂洗一下,挑放于晒帘上让阳光暴晒8 h,使其增加白度,然后放脱水机内烘干5 h即成干品。也可把割成的小朵漂洗后,置于甩干机内把水分排掉,再置于脱水机内干燥。前者色泽黄中带白,后者纯黄一色,客户常喜欢前者。脱水机温度以65℃为适,温度太低烘干时间延长,若过高水分蒸发排湿跟不上,影响外观或烧焦降低等级。一般7～8 kg鲜耳加工成1 kg小花银耳。

☞291. 如何加工增白雪耳?

可把采收后的鲜耳,先放入脱水机内8～10 h,干燥后再摊排于竹制晒帘,置于野外畦床上,用石头垫高离地面25 cm,并用竹木条拱插,跨在畦床两旁,再用薄膜罩盖。按每100 kg的干耳用硫黄1.5～2 kg进行熏蒸。方法:把硫黄盛入盆内,炭火点燃,放于畦床地面,让硫气熏透竹帘上的银耳,每天熏1次。夏天早上

4～5 时开熏，冬天气温低，上午 9 时开熏。熏硫的时间视气温，夏季 10～12 d 就达到雪白，秋季 15～18 d，冬季气温低需要25～30 d。每隔 2～3 d 揭开盖膜，翻动银耳 1 次，若耳片偏湿，应晒照阳光 1～2 h，若冬季耳片偏干，则应掀起地膜增加地湿，达到雪白后晒干即成。4～5 kg 鲜耳可加工增白雪耳 1 kg。

☞292．目前银耳的加工产品有哪些？

（1）银耳多糖黄酒。该产品使银耳多糖与黄酒的有益成分有机结合在一起，所制备的银耳多糖黄酒具有馥郁芬芳的香气和甘甜醇厚的风味，营养价值极高，酒精度数低，具有显著的保健作用和社会经济效益。

（2）银耳饼干。该产品制备工艺简单，口感比传统饼干更佳。银耳含有膳食纤维，加入到饼干中，利于维持膳食营养的平衡性，为广大消费者，特别是糖尿病患者，提供了一种新型健康食品。

（3）速溶银耳糊。本产品将银耳和其他蛋白质含量高的食品搭配，充分发挥食物的互补作用，提高食物的营养价值。该产品一冲即溶，香浓润滑。

除此之外，还有银耳深加工产品。即将银耳多糖提取出来，加入到保健品、药品及化妆品中制成的产品。目前，国内还处于起步阶段，而国外研究相对较多。例如韩国、日本利用银耳多糖生产嫩肤保湿霜、面膜等。

☞293．为害银耳的主要病原微生物有哪些？

银耳与别的食用菌相比，显得特别娇气，在管理上稍有失误，病虫害就会乘虚而入，危害生产，甚至整批失败，因此，在银耳生产中必须特别重视对病虫害的防治。为害银耳的病原微生物如下。

(1)链孢霉:又叫红孢霉,适宜生长温度25～30℃,常发生在接种后菌袋的培养基或接种口上,有的也发生在菌袋的两端。前期菌丝白色,逐步转为浅红色,继而产生大量橘红色粉状孢子。夏天气温高,蔓延极快。链孢霉主要是抑制银耳菌丝的生长,破坏培养基营养成分,受其侵染的菌袋,出耳率降低,耳片正常伸展受影响,朵形小,产量低。

(2)绿色木霉:简称绿霉,适宜在温度15～30℃的偏酸性的环境中生长,常发生在培养基内和子实体阶段。前期菌丝呈白色,逐步变成浅绿色、深绿色,受其污染的培养基变成黑色,发臭松软,直至报废。子实体被绿霉污染后,会逐步腐烂,失去商品价值。

(3)白腐菌:适宜生长温度25℃,这种病原菌常在银耳菌丝生理成熟时,从接种口侵入,形成肿瘤状凸出物。前期菌丝白色粉状,后期呈灰白色,受其危害,培养基变黑。每年春、秋季发生率较高,主要腐蚀银耳原基,造成原基腐败,不能出耳。也有的侵染耳片,附着产生一层白色粉状孢子,抑制耳片生长,使其变成不透明的僵耳。

此外,还有红曲霉、毛霉、根霉、青霉等,这些霉菌都会给生产带来危害。

☞ 294. 如何防止银耳的病害?

防止银耳霉菌危害,主要应把好"5关":①培养基关。原材料使用前应经过暴晒,配制时含水量不宜超过60%,常压灭菌要求在100℃以上保持20 h。②接种关。严格执行无菌操作,接种时做到"三消毒":一是空房事先消毒;二是料袋进房再次消毒;三是接种时通过酒精灯火焰消毒。③菌丝发育关。银耳菌丝发育最佳温度为25～28℃,不超过30℃。发菌培养基要求干燥,在冬天加温发菌时,最好用电源;接种后菌袋可用棉被围罩保温,3 d后揭开通风翻袋。④出耳管理关。出耳阶段应注意控温、控湿、控光、增氧，创造良好的环境条件；子实体生长发育阶段适度喷水，防止过湿；尤其是幼耳阶段，喷水宜勤宜少。⑤环境卫生关。菇房内部及周围卫生要清理好，杜绝污染源。

☞295．如何进行银耳反季节栽培？

反季节栽培是突破传统春、秋两季自然气温条件下生产银耳的习惯。通过调节接种期、科学安排生产区、改革耳房设备、野外阴棚、管理技术等，使夏、冬季亦能生产银耳，形成春、夏、秋、冬四季配套生产。反季节要掌握以下几点。

（1）菌种：银耳反季节栽培必须选择好菌种，夏季栽培必须选择高温型菌株，如 R08、R05。冬季栽培选择低温型菌株，如 R09、R06。

（2）反季节栽培技术措施：①夏季栽培银耳，可利用香菇阴棚的畦床歇期，排放银耳袋出耳，但注意阴棚遮盖物加厚，创造一阳九阴的光环境。在气温 33℃的高温期，阴棚畦沟灌水可降温 3℃左右，温度尽量控制在 30℃以下。②严寒季节栽培银耳，选择好保温菇房，增加袋料数量，适当紧凑空间密度，选择优质棉子壳，促进菌丝体袋料自身内在发热，房内地面可砖砌烟道，增加室温；同时用塑料薄膜罩住四周和上方，达到保温性能好，并开好通气口，装置排气扇。使低温季节栽培室内温度不低 23℃。措施得当，照样银花怒放。

☞296．反季节栽培银耳如何选择培养料？

冬季栽培宜选棉子粉仁多，易粘手，呈绿色、红褐色、黄色，既有纤维素，也富含氮源。拌料后含水量 60%，可提高袋料温度

3℃,有利冬季菌丝发育。而高温期栽培,可选择纤维含量多、松软粉状、浸水挤压呈乳状的棉子壳,并添加谷壳。使透气性好。常用培养基配方:棉子壳85%,麸皮10%,石膏粉1.5%,黄豆粉3.5%,含水量60%,pH灭菌前5.8~6.5,灭菌后自然降至5~5.8。另外,装袋时冬季需装紧实,促进菌丝在袋内自身热量增加。夏秋宜稍松,有利散热,加速发菌。夏季气温高,注意"三温"(袋温、菌温、堆温)的变化,加强疏袋。

☞297. 夏季栽培银耳如何进行出耳管理?

夏季栽培,当室内发菌3~10 d时,要立即搬入野外菇棚内,将菌袋排放于畦床地面上,避免高温危害。如果发现虫害,可用甲胺磷喷洒。袋间距3~8 cm,畦床上罩盖薄膜。经培养2 d,去掉接种穴上胶布,盖旧报纸,喷水保温。一般接种后14~15 d进入出耳阶段。用刀片割去穴口四周薄膜2 cm,增加菌丝透气性。空间相对湿度以80%为适,18~30 d若遇雨天,保持通风,不必喷水。野外畦床袋栽银耳、地湿增大,一般不必一日多次喷水。这是一大优点,加之大田空气新鲜,接近自然生态条件,所以银耳子实体出现朵大形美,叶厚片粗,产量比室内可增产两成。产品干制出口率达95%。

☞298. 银耳袋栽技术失误导致欠产的原因有哪些?

银耳代料栽培因其生长周期短,且属中温型恒温结实菌类,在管理上只要有一个环节稍有疏忽或遭受大自然恶劣气候侵袭,都会导致不出耳、欠产或全部失收。综合各种失败原因如下。

(1)菌袋基质欠佳。表现在接种后杂菌污染严重,主要原因是料袋灭菌不彻底,料袋质次,培养料配制时水分过高,发菌慢引起杂菌污染，拌料装袋时间延长，其料酸败，菌种无法吃料定植。

(2)栽培季节不当。在自然气温条件下银耳室内栽培以春、秋季为宜，但有的栽培户盲目提前或延迟接种，结果春季遇寒流、秋遭高温，菌丝处于逆境下生长。尤其秋栽气温不稳定，特别是遇高温菌丝受损影响出耳和产量。

(3)接种把关不严。接种室及工具消毒不彻底，不按无菌操作要求接种，导致杂菌污染。

(4)发菌控温不好。银耳接种后头 3 d 为萌发期，4～12 d 为生长期，对温度的要求，萌发期不超过 30℃，生长期不超 28℃。有的栽培者没有很好地掌握这个极限温标，秋栽发菌时超温不采取疏袋散热等措施，致使菌丝受高温危害，穴口吐黑水，发生烂耳；春栽发菌时遇倒春寒，没有及时加温，使菌丝长时间处于低温，结果穴口吐白色黏液，这些都直接影响出耳和产量。

(5)开口扩穴误期。菌袋开口增氧的适合菌龄为播后 10 d 左右，过 2～3 d 撕掉胶布，再过 2 d 割膜扩穴，三道工序 15～16 d，如采用一次性完成的，其菌龄 14～15 d。栽培户常因开口扩穴时间拖延，使袋内菌丝严重缺氧导致生长衰弱，出耳困难或不齐而欠产。

(6)喷水不当。菌袋开口增氧盖纸后，未及时喷水，穴口菌丝干枯，原基难以形成。有的栽培者一见原基形成，就仿照黑木耳疏基一样进行喷枪直冲，喷水过量，加之通风不良，造成霉菌发作而烂耳；也有的因培养架喷水不均，造成子实体发育不良。

(7)房棚结构不妥，空气不对流。

(8)菌种质量不高。有的菌种本身不纯，带有杂菌或病毒，尤其是俗称"杨梅霜"的放射菌，混在菌种内，肉眼不易辨认，接种后萌发力极强，压倒银耳菌丝，以致无法出耳；有的因香灰菌丝退化，也有因制种过程中两种菌丝配比失调，香灰菌丝过旺占优势，而银耳菌丝受到抑制。

(9)防虫不及时。在菌袋开口撕布前,没有喷洒农药灭害防患,开口后幼虫钻进穴口咬吃菌丝,无法出耳。

(10)管理不严。工厂化生产的厂场,没有制定好银耳栽培管理全过程的岗位责任制,技术不到位,责任未到人。

滑菇栽培技术

☞ 299. 滑菇的生活习性有哪些?

(1)营养:滑菇属木腐菌,其培养料以碳水化合物和含氮化合物为主。栽培中以锯末、木屑、玉米芯、秸秆粉等为主料,添加适量的麦麸、米糠、石膏粉等辅料配成培养料,即能满足滑菇生长要求。

(2)温度:滑菇为低温出菇型食用菌,出菇温度低于5℃时,生长迟缓,高于20℃时,商品性丧失。

(3)湿度:子实体出菇阶段要求空气相对湿度保持在85%~95 %,培养料湿度达到60%~70%。

(4)光照:滑菇子实体生长不需直射光,但必须有700~1 000 lx的散射光;菌丝体在无光环境能正常生长,但生理成熟的菌丝出菇时需要光诱导,幼小子实体具有正向光性。

(5)空气:滑菇是好气型菇类,菌丝体、子实体生长时都需要氧气,排出CO_2。当CO_2浓度超过1%时,子实体盖小,菌柄细长,早开伞,严重影响商品质量。

(6)pH:滑菇喜弱酸性环境中生长,菌丝体在pH 5~6时生长最快。

☞ 300. 滑菇栽培时间和排放场地怎样?

冬季日光温室滑菇生产一般在10月下旬开始蒸料、接种,次年1月份开始出菇，生产时间可持续到4月份。每平方米摆放3帘，每帘湿料重5 kg，生物学转化率70%，每帘可产鲜菇1.4 kg，按产品商品率75%计算，每帘可产商品菇1.05 kg，每667 m^2的日光温室可摆放2 000帘，可收获鲜品2 010 kg，如采用3层架立体栽培，可摆放6 000帘，收获鲜品6 030 kg。

☞ 301. 生产滑菇的场地、用具与原料如何？

生产场地最好使用节能日光温室，也可用普通的蔬菜生产用日光温室。滑菇生产以锯末、玉米芯、秸秆粉为主料，以麦麸、米糠为辅料。

☞ 302. 春季栽培滑菇的工艺流程？

春季栽培滑菇可以在冷棚或日光温室内，外界平均温度稳定在0℃左右，最高温度低于15℃即可，这段时间空间杂菌少，利于发菌。北方地区，一般在3月上旬到4月初种植。生产工艺为：配料→拌料→灭菌→装袋接种→培养→越夏→管理→出菇管理→采摘加工。

☞ 303. 春季栽培滑菇如何配料和拌料？

(1)配料：①木屑，80%以圆盘锯锯出的细木屑为宜，可适当添加一部分玉米芯或颗粒状木屑，添加量以木屑粗细度来定。要求无霉变，无油污，无胶类物质，存放一年的阔叶硬杂木的木屑为最好。②麸皮，15%，要求新鲜无霉变。③玉米面，3%，要求新鲜无霉变。④石膏，1%～2%，选未吸湿结块的熟石膏。

(2)拌料：先将称好重量的麦麸、玉米面、石膏混匀，再加到木屑中拌匀，然后加水，加水量需根据原料干湿度来定，不可一概而论，最终含水量应控制在60%～62%，一般用两手指捏料，有水渗出，但不滴水为宜。

☞304．栽培滑菇如何接种装袋？

(1)三级种处理：将发育成熟的三级种外皮用2%的来苏儿清洗后掰成手指盖大小的块。放在清洁容器中备用。

(2)接种装袋：栽培袋可采用生料袋，一般规格为450 mm×200 mm×0.02 mm。按湿料重量计算将8%～10%的三级种均匀混到已晾好的培养料中装袋，装好的袋松紧度要适宜，一般重量2.25～2.5 kg。

☞305．袋栽滑菇如何发菌？

发菌是种植过程中关键一环，它的好坏决定种植成品率与出菇产量、质量。装好的袋用直径1.5～2.0 cm的棒扎一个透眼，摆放到事先已清理消毒且通风良好相对干燥的菇棚内。摆放时，袋间距为10 cm左右，两层间用玉米秆或竹竿隔开，不高于5层，两行间留10 cm以上的空隙。在整个发菌过程中，都应保证良好的通风，袋温应控制在20℃以下，如温度过高应倒垛降温，加大通风量。待菌丝快长满时，应再扎一个透眼，以补充氧气。如果条件适宜在20 d左右菌丝就可长满袋。

☞306．滑菇栽培如何进行培养料制作菌块？

滑菇采用箱式块栽时需把培养料制成长方形块状。具体做法：用玉米秸串帘成托帘(帘的规格为61 cm×36 cm)，用塑料薄膜包料(薄膜大小为 120 cm×110 cm,薄膜需用 0.1%的高锰酸钾消毒),并用长方形木框作模子(规格为 60 cm×35 cm×8 cm)。做块时,在托帘上放木框模子,将薄膜铺于模内,再将灭过菌的培养料装入薄膜内,每块装湿料重 6～8 kg,最后用薄膜包好料后脱框。托帘上托着菌块,送到接种室接种。接种前室内消毒盒消毒。接种采用表面播种方法,每块用种量 1/2 瓶。接种后送到培养室培养。

☞ 307. 春季栽培滑菇如何进行越夏管理?

滑菇的出菇温度在 20℃以下,所以春季栽培袋应越过夏天到秋天才能出菇,其越夏管理方法如下:①温度,菇棚内温度应控制在 25℃以下,伏天可采取棚上加盖青草、树枝等遮阳物,早、晚打开通风口,并往遮阳物、地面喷地下水降温。②光照应根据袋蜡层薄厚来定,如薄则适当增加光照,否则减少光照。③通风应良好,同时注意防虫。

☞ 308. 滑菇如何进行出菇管理?

接种后,初期(3 月份)外界气温低于菌丝生长的起点温度,此期管理中心以保温为主。发菌初期空气湿度不宜过大,菌块不需喷水。每周通风换气 1～2 次。培养 4～5 个月后菌丝基本达到生理成熟,即为发菌后期,此时培养室必须清洁、凉爽、避光,加强通风,温度控制在 30℃以下。当平均气温在 20℃左右,距出菇时间 30～40 d 时打包,并将料面的蜡层划破,随着气温下降至 20℃以下时,每天早、中、晚及夜间各喷 1 次水,使培养料含水量增至 70%,同时保持 90%～95%的空气相对湿度,当料面出现小粒状菇蕾时勿向菇蕾直接喷水。出菇期间注意通风,并给予适当散射光。经过适当的水分管理，小菇蕾逐渐形成黄色的幼菇，8～10 d后可达到采收标准，10 月上旬为采收盛期。

秋季栽培滑菇一般在 1 月份出菇，期间棚内温度应控制在 10～18℃，不可高于 20℃，空气相对湿度控制在 85%～95%，光照强度 700～800 lx 为宜，要及时通风换气，降低温室中的 CO_2 浓度。

☞ 309. 如何采收滑菇和采后管理？

菇体充分长大但尚未开伞时，停水 1 d，然后采收，正常情况下，从菇原基形成到子实体商品成熟约需 15 d，采收标准即在菌膜未裂开之前，菇体呈半球状时采收。商品规格标准：①菌盖直径，特级 0.8～2.2 cm；一级 0.8～2.2 cm；二级＞2.2 cm。②菌柄长度，特级＜2.0 cm；一级 0.8～2.2 cm；二级 2.0～3.0 cm。各级均要求完整，无开伞，大小一致，无腐料。采收时，用手指轻捏住菌柄基部，轻轻摘下；成簇菇不宜采大留小，否则留下的菇体易腐料或干缩，要等多数菇体符合一级品时采收。采收后及时将断菇、死菇、烂菇及杂菌感染的料面清理干净，并停水 2～3 d，以利菌丝恢复生长，避免杂菌感染伤口。3～5 d 后仍按正常出菇要求管理，18～20 d 后即可采收第 2 潮菇。一般可采 3～4 茬。采后的滑菇要及时整理、分级包装，或加工后待售。

七、草腐型食用菌栽培技术

双孢蘑菇栽培技术

☞ 310. 什么是双孢蘑菇？

双孢蘑菇简称蘑菇，又称白蘑菇、洋蘑菇。子实体是由菌盖、菌柄、菌褶、菌幕、菌环5部分组成。菌盖色白柔嫩，是主要食用部分。菌盖下面的菌褶，初为白色，后呈粉红色，开伞后变为褐色，每片菌褶两侧生有许多肉眼看不见的棒状担子，每个担子顶端有两个孢子，所以叫双孢蘑菇。

☞ 311. 双孢蘑菇栽培中对温度和湿度有什么要求？

双孢蘑菇菌丝体生长温度为5～30℃，16℃以下生长缓慢，最适温度为22～26℃。菇体发生、生长适宜温度为16～22℃，此条件下菇体组织致密、质量好、不宜开伞。温差刺激是蘑菇原基发生的重要条件，菇体生长过程中需要恒温。

双孢蘑菇菌丝生长需培养料含水量为65%～68%，即手紧握一把料，手指间有水浸出并滴下1滴，空气湿度为85%～90%。子实体生长需覆土的含水量为17%～20%，即手握一把土成团，落地即散为宜，空气相对湿度为90%～95%。

☞ 312. 双孢蘑菇栽培中对空气有什么要求?

蘑菇为喜氧性真菌,但在菌丝生长阶段,菇房不需要较大通风,子实体的形成与生长阶段需充足的氧气。

☞ 313. 双孢蘑菇栽培中对光照有什么要求?

菌丝体和子实体的生长都不需要光线,在黑暗的条件下,子实体洁白而柔嫩。

☞ 314. 栽培双孢蘑菇常用的原料和配方有哪些?

采用人工堆肥常用的配方:①麦草 1 000～2 000 kg,尿素 10～18 kg,普钙 30 kg,石灰粉 45 kg,石膏粉 45 kg,湿鸡粪 3～4 m^3。②稻草 3 000 kg,尿素 50 kg,过磷酸钙 50 kg,石灰 50 kg,石膏 60 kg。③稻草 3 000 kg,菜饼 200 kg,尿素 20 kg,硫铵 50 kg,过磷酸钙 50 kg,石灰 50 kg,石膏 25 kg。

采用工厂化堆肥的配方:①麦草 27 t,鸡粪 50 m^3,石膏 2 t。②稻草 8 t,麦草 20 t,鸡粪 43 m^3,石膏 2 t。

其中麦草水分 18%,含氮量 0.48%,鸡粪水分 45%,含氮量 3.0%,稻草含氮量 0.94%,培养料中初始含氮量 1.6%,碳、氮比 23∶1。

☞ 315. 工厂化双孢蘑菇生产培养料堆制流程如何安排?

一般用料仓或隧道进行为期 16 d 的一次发酵,用隧道进行为期 7～9 d 的二次发酵,一般在 20～23 d 内完成一个堆制过程。其流程为：

原料预处理→培养料预湿处理→混料调质→料仓一次发酵→隧道二次发酵→降温上料播种。

☞316．工厂化双孢蘑菇二次发酵培养料质量标准是什么？

经过正确隧道发酵获得的培养料质量控制数据为：水分66%～68%，pH 7.5～7.7，氨气50～100 mL/L，氮1.9%～2.1%，灰分27～32%，碳、氮比(14～16)：1。

☞317．工厂化一、二次隧道发酵技术堆肥与传统的堆肥堆制模式相比有哪些优点？

(1)缩短了堆制时间。

(2)堆肥的得率高，传统的堆制技术由于发酵时间长原材料氧化消耗大，每吨干秸秆只能得到2 t左右的堆肥，而采用现代堆制技术一般可得到3 t优质堆肥。

(3)堆肥质量高，每吨堆肥的双孢蘑菇产量在330 kg左右，是传统产量的2倍。目前在英国、荷兰、波兰等国家双孢蘑菇堆肥都是由专业公司进行生产，专业化程度极高。

☞318．工厂化栽培双孢蘑菇如何进行播种？

培养料经过二次发酵后，以每吨堆肥5～7 L菌种的比例进行播种，或是0.6～0.7 kg/m^2，菇床铺料89～100 kg/m^2，在菇床或发菌隧道(国外采用三次发酵隧道)内经15～17 d完成发菌。菇房播种前进行消毒，播种在1 d内完成。菌种可以选择A15、SB295等工厂化专用菌种。

☞ 319. 工厂化栽培双孢蘑菇如何进行发菌?

启动菇房空调,维持气温25℃、料温在24～26℃,通过调解气温来保持料温。室内空气湿度控制在70%左右,二氧化碳浓度控制在5 000～11 000 mL/L。菌丝长满培养料,覆盖的地膜下出现黄色水珠时,即可去除覆盖地膜,进行覆土。发菌期间保持地面湿润。发菌结束后良好的控制数据为:水分64%～66%,pH 6.3～6.5,含氮量2.1%～2.3%,灰分29%～35%,碳氮比(12～15)∶1。

☞ 320. 工厂化栽培双孢蘑菇发菌后如何进行覆土与浇水?

一般播种后18 d左右,当菌丝长满培养基后,去掉覆盖的地膜,在培养料表面均匀地覆盖一层草炭土,厚度控制在3.5～4 cm。

覆土完毕当天就要对床面喷水。第2～5天喷清水,第6天喷一次3%漂白粉水或0.5%漂白精,调pH,第7天清水。7 d内喷水总量6～7 L/m^2,使草炭土含水量达到78%～80%(浇水量为每日1～1.5 L/m^2)。第8天菌丝基本长满覆土层。

此步骤中,室温控制在24～25℃,培养料温度控制在24～26℃,空气湿度控制在93%～95%,二氧化碳浓度前4 d控制在8 000～10 000 mL/L,后4 d控制在10 000～13 000 mL/L,期间不通风。

☞ 321. 工厂化栽培双孢蘑菇如何进行搔菌?

(1)第25天当菌丝穿透草炭土厚度的70%～80%,需要用耙将草炭土表面 2 cm 左右厚度耙松，称为搔菌，使菌丝可以更加容易和均匀地向外生长，以利于菇蕾均匀地扭结。

(2)室温控制在 24～25℃，培养料温度控制在 26℃以下，空气湿度 95%，二氧化碳浓度 13 000～15 000 mL/L，1 d 不通风，让搔菌后受伤的菌丝重新愈合。

(3)调整床面，将床面上多余的草炭土耙掉，不足的地方补充，使长出床面的菌丝生长整齐，便于以后的出菇管理。

☞ 322．工厂化栽培双孢蘑菇如何进行刺激形成原基？

刺激原基形成(第 28～30 天)时要对床面喷少量的水。室温控制在 15～17℃，培养料温度控制在 20℃左右(17～20℃)，空气湿度控制在 70%～78%，二氧化碳浓度 800～1 000 mL/L，降温过程需要 30～38 h 完成。褐蘑菇降温花费时间稍长一些。

☞ 323．工厂化栽培双孢蘑菇如何进行出菇管理？

刺激原基完成后，第 31～38 天，当菇蕾直径为 0.5～1.5 cm(看到米粒大小蘑菇)时，再次对栽培床面进行水，第 1 天 0.5 L/m^2，第 2 天 0.8 L/m^2，连续浇 3 d，当蘑菇直径 2～3 cm 时浇水量最大，将草炭土水分调整在 77%～79 %，3 cm 之后停止浇水直到蘑菇长成采收。此时，室温控制在 16～18℃，培养料温度控制在 18～20℃，空气湿度控制在 65%～70%，二氧化碳浓度 800～1 200 mL/L。

☞ 324．工厂化栽培双孢蘑菇如何进行采收及采后管理？

(1)采头潮菇(第 39～41 天)。采第一批蘑菇，采摘周期为

3～4 d。

(2)采后管理(第 42～45 天)。采摘结束后清床(料温比气温高 1～2℃),然后对床面进行浇水,1 d 浇 2 次水,每次不超过 1 L/m^2,加起来约 2 L/m^2,持续 3 d。第 4 天 2 cm 大小蘑菇时停水。此阶段,室温控制在 16～20℃,培养料温度控制在 18～20℃,空气湿度控制在 65%～70%,二氧化碳浓度 800～1 500 mL/L。

(3)二潮、三潮、四潮菇管理(第 46～67 天)。照上面的方法操作,第 46 天、第 53 天、第 62 天可以开始分别采第二、三、四潮菇。每次采菇间隔 7 d(包括 3 d 浇水 3 d 采菇)。出菇管理时间为 40 d 左右。工作重点是正确处理喷水、通风、保湿三者关系,既要多出菇,出好菇,又要保护好菌丝,促进菌丝前期旺盛,中期有劲,后期不早衰。

(4)取废料、运新料,进入新的循环(第 68～70 天)。

草菇栽培技术

☞ 325. 草菇栽培适宜的生活环境是什么?

草菇是草腐型食用菌,属高温结实型菇类,适合生长在高温、高湿、通风条件较好的环境。草菇菌丝最适生长温度为 30～32℃,子实体最适生长温度为 28～30℃。菌丝生长最适 pH 为 7～7.8,子实体生长最适 pH 为 7.5 左右。草菇子实体形成和生长需要一定光线,光线强菇体色深且光亮。菌丝生长适宜空气相对湿度为 80%～85%,子实体生长适宜空气相对湿度为 85%～95%。

☞ 326．优质草菇菌种的标准是什么？

菌丝白色、透明，厚垣孢子尚未产生或产生极少，为幼龄菌种；菌丝转黄白色、透明，厚垣孢子转多，为适龄菌种。一般适宜条件下菌丝长满培养料后 2～3 d 并开始形成粉红色厚垣孢子，即可播种。如不能及时播种，应在较低温度下存放 3～5 d，不能久放。草菇不同品种不能混播一起，以免影响生长和少出菇或不出菇。

☞ 327．草菇子实体的形态是什么样的？

成熟的草菇子实体是由菌盖、菌褶、菌柄、菌托四部分组成。

（1）菌盖幼嫩时呈半椭圆形，成熟时成为伞状。菌盖表面滑，中央呈茶灰褐色。边缘整齐，淡灰色。其色泽之浓淡因品种及光照强度而有差异。

（2）在菌盖的背面密生着放射状排列的菌褶。菌褶离生，与菌柄相隔 1 mm，是由薄片的组织构成。菌褶未成熟时白色，渐变为粉红色，最后深褐色。

（3）菌柄组织由紧密状、条状细胞所组成，最顶端为生长组织，质地脆嫩，其下为伸长部分，色泽淡白，无菌环等附属物。

（4）菌托是一种柔软薄膜，呈灰色，由中间膨长细胞菌丝构成。在卵期前把菌盖及菌柄包裹着，而在卵期后由于菌柄伸长，膜破裂而留于菌柄基部，形成杯状物。在菌托下面还有松软膨胀的菌丝细胞组成的菌根，是吸收养分的器官。

☞ 328．草菇子实体的发育过程是怎样的？

草菇子实体的发育可以分为以下 6 个阶段。

(1)针头阶段:次生菌丝体扭结成针头大小的菇结,这时外层只有相当厚的白色子实体包被外,没有菌盖和菌柄的分化。

(2)小纽扣阶段:针头继续发育成一个圆形小纽扣大小的幼菇,其顶部深灰色,其余为白色,此阶段叫小纽扣阶段。这时组织有了很明显的分化,除去最外层的包被可见到中央深灰色,边缘白色的小菌盖。纵向切开,可见到在较厚的菌盖下面有一条很细很窄的带状菌褶。

(3)纽扣阶段:这时菌盖等整个组织结构虽然仍被封闭在包被里面,如果剥去包被,在显微镜下可以看到菌褶上已出现了囊状体。

(4)卵状阶段:在纽扣阶段后 24 h 之内,即发育卵状阶段。这时菌盖露出包被,菌柄仍藏在包被里。这阶段在菌褶上的担孢子还未形成,外形像鸡蛋,顶部深灰色,其余部分为浅灰色。

(5)伸长阶段:卵状阶段后几个小时即进入伸长阶段。这阶段是菌柄顶着菌盖向上伸长,子实体中菌丝的末端细胞逐渐膨大成棒状,两个单倍体核发生融合形成一个较大的二倍体核。当细胞膨大时,在担子基部二倍体核进行减数分裂,形成 4 个单倍体核。与此同时,担子末端产生 4 个小梗,小梗的端点逐渐膨大,形成原始担孢子,而后 4 个单倍体核同细胞质一起向上迁移,通过小梗通道被挤压入膨大部分。最后,在膨大部分的基部形成横壁,成为 4 个担孢子。小梗下面留下了一个空担子。

(6)成熟阶段:菌盖已张开,菌褶由白色变成肉红色,这是成熟担子的颜色。菌盖表面银灰色,并有一丝丝深灰色条纹。菌柄白色,含有单倍体核的担孢子,约 1 d 后即行脱落。在环境条件适宜时,担孢子又进入了一个新的循环。

☞ 329. 草菇栽培料的配方有哪些?

草菇生产用的原料主要是农作物的草秆,称碳源,一般以棉子壳为原料的产量较高,稻草次之,甘蔗渣较差;辅料麦麸、米糠、玉米粉等作氮源。主要配方有:

(1)棉子壳或废棉75%,麦秸20%,麸皮5%。

(2)棉子壳87%,干牛粪5%,麸皮4%,过磷酸钙4%,多菌灵0.1%。

(3)麦秸(或玉米秸、杂草、谷草等)80%,干畜禽粪10%,麸皮5%,尿素1%,石膏1%,草木灰2%～5%,每千克料需水1.6～1.8 L。

☞ 330. 草菇的栽培方式与栽培场所有哪些?

根据栽培场地的不同,草菇栽培分室内栽培、室外栽培两种。草菇室内栽培可在专门搭建的草菇房进行,亦可利用闲置的农舍、猪舍等改建而成的菇房进行。改建的菇房可搭床架,亦可直接在地面栽培。砖块式栽培主要地在塑料大棚内、果树林下、屋前屋后空地及稻田等。

☞ 331. 草菇室外栽培如何进行场地的选择?

选择背风向阳,供水方便,排水容易,肥沃的沙质土壤作为建菇床的场所。在气温较低时,选南向、阳光充足,西、北两面有遮阳物的场所;盛夏时应选择阴凉、通风处作菇床场所。作菇床时应翻地,日晒1～2 d,耙平,同时拌入石灰以驱杀虫、蚯蚓。播种时应喷湿床面,以免培养料过多失水,且要在床四周留两个宽20 cm的出菇面。选择背风向阳，排灌方便的沙质田地或果园地进行草菇栽培时，应结合犁耙翻晒，入石灰粉消毒培土，起宽约 1.2 m 的畦，开好排水沟，搭好阴棚。

☞ 332．草菇室外栽培如何进行培养料的处理及播种？

选择新鲜、无霉变的干燥稻草，将稻草放入 2%～3%石灰水浸泡 24 h 捞起，扭成草把，铺成畦面，压紧压实。在草层边缘 5 cm 处撒一圈混合好的菌种（麦麸与菌种 1∶1 混合），在第一层草层的外缘向内缩进 5 cm 铺第二层草把，压实，在四周边缘 5 cm 处撒一圈混合好的菌种。以后每层如此操作，一般铺 4～5 层草把，最后一层草把铺完压实后均匀撒上一层 1 cm 厚经消毒的火烧土，并盖上薄膜。用种量一般为干料的 5%～10%。

☞ 333．草菇室外栽培如何进行播种后的管理及采收？

播种后注意遮阳喷水，降温保湿，当料面温度高于 45℃时，要及时揭膜通风，喷水降温。一般高温季节每天揭膜喷水 2～3 次，每次隔 1～2 h。大约 3 d 菌丝生满畦面，第 7～10 天可以见小白点状的幼蕾，每 10～15 d 可采收第一批菇。采收后停水 3～5 d 再喷水和管理，5 d 左右又可收第二批菇，一般可收 3～4 批菇。

☞ 334．草菇室外栽培有哪些注意事项？

（1）稻草浸石灰水后最好经堆沤发酵 5 d，其间翻堆一次，等料温降到 40℃时趁热铺料播种，可减少杂菌，特别是鬼伞的污染。

（2）在栽培过程中如发现杂菌污染应及时用石灰浆涂布消毒。

（3）揭膜通风降温时，要防止温度下降。

(4)草菇喜欢在偏碱环境生长,酸碱度在 8 左右,一般用石灰粉或石灰水来调整。

☞ 335 . 草菇室内栽培的菇房有哪些类型?

草菇室内栽培,可以人为地提供草菇生长发育所需要的温度、湿度、营养和通气条件,避免受台风、暴雨、低温、干旱等不良气候的侵袭,从而有利于延长栽培季节,提高草菇的产量和质量。菇房的形式有三种:①蘑菇房。②泡沫板菇房。③砖瓦房。

☞ 336 . 草菇室内栽培的菇房如何建造?

(1)蘑菇房:广大农村大多是利用冬春季栽培蘑菇后的菇房及床架,在夏季栽培草菇。

(2)泡沫板菇房:菇房的建造是以木料为支撑物,用聚苯乙烯泡沫板作为菇房的墙壁和房顶,墙壁和房顶的内层再衬以聚乙烯薄膜。菇房两端各设置 0.3~0.4 m 见方的对流通风窗 3 个,下通风窗 2 个,中间为走道。栽培床架靠两侧,但不紧靠泡沫板墙。床架分 5~6 层,床面用尼龙网编成,使上、下两面均可出菇,扩大出菇面积。

(3)砖瓦房:先用砖砌房子,规格为长 6 m,宽 4 m,边高 2.8 m,顶高 3.5 m,盖石棉瓦。菇房内设 2 排床架,一个门,上、下两排窗。砖砌好后,在屋顶封 3 cm 厚的泡沫板,再封一层薄膜,最后搭床架。

☞ 337 . 草菇室内栽培以稻草为主原料的培养料如何进行配制?

将稻草切成 5~10 cm 长或用粉碎机粉碎。切碎的稻草用石灰水浸泡，每100 kg稻草用5 kg石灰，浸泡6 h后捞起沥干，拌入石膏、畜禽粪、复合肥、磷肥、草木灰等建堆发酵。堆制5 d后，中间翻堆1次，翻堆时可加入细米糠或麦麸(亦可在铺料前拌匀加入)，添加总量不超过5%。稻草堆制发酵时，一般堆宽1.2 m，堆高1 m，长度1 m以上，堆中要适当穿通气孔。堆制好后，要盖膜保湿，同时防止害虫侵入。堆制好的培养料要求质地柔软，含水量70%，pH调至9左右。堆制发酵后最好经二次发酵，特别是添加了米糠或麦麸、干牛粪的原料，一定要进行二次发酵。

☞ 338. 草菇室内栽培以棉子壳为主原料的培养料如何进行配制?

每100 kg废棉渣加石灰5 kg，或将废棉浸入石灰水中，浸透后捞起做堆。盖上薄膜发酵2 d左右，当含水量达70%左右即可搬入菇房。进房前若pH低于8，通常加适量石灰调至pH 9左右。

☞ 339. 草菇室内栽培以甘蔗为主原料的培养料如何进行配制?

将甘蔗浸入石灰水中，每100 kg甘蔗拌松、拌匀，搬进菇房，铺在培养架上，稻草、甘蔗渣培养料铺厚15～18 cm，废棉渣培养料铺厚5～10 cm，床架上层的料可铺薄些，往下各层顺序略厚些，使各层料料温均匀，有利于菌丝生长。培养料经整平和稍加压实后，关闭门窗，通入蒸汽进行二次发酵，使料温达到65℃，维持4～6 h，然后自然降温。降到45℃左右时打开门窗，待料降至36℃左右时播种。

☞340．草菇室内栽培如何进行播种？

(1)当料温降至36℃左右时趁热播种，低温反季节栽培时温度可升至38～40℃。播种方法有穴播、条播、撒播。在生产上，大多采用穴播和垄式条播。穴播播种时，将菌种掰成胡桃大小，穴深3～5 cm，穴距8～10 cm。

(2)垄式条播是草菇高产的一种新方法，此法每100 kg干料可产鲜草菇60 kg以上。播种多采用三层种垄式栽培，首先在地面或床架铺料，料宽30～40 cm，厚10 cm，长度不限，沿四周播一层菌种。事先将麦麸用3%的石灰水拌湿后放在菇房内进行二次发酵。然后在播种中心撒一层10 cm宽的麦麸带，用同样的方法铺第二层料、播种、撒麦麸。最后在最上面再铺一层料，料面播一层菌种，并覆盖事先用菇种混合在一起的麦麸。不同的品种混在一起会有拮抗作用，出菇少，严重影响产量，因此要避免混播。

☞341．草菇室内栽培如何进行播种后温、湿度的管理？

(1)播种后，维持料温36℃左右，不要低于30℃，也不要超过40℃，保持4 d左右，即可揭膜，夏天高温季节2 d左右即可。

(2)播种后应于床面覆盖一薄层约1 cm厚的火烧土或肥沃的沙壤土，并在土层上适量喷些1%的石灰水，保持土层湿润，再盖上塑料薄膜，以保温。

(3)盖土后，室温控制在30℃左右，料温保持35℃。如果白天温度高，可将塑料薄膜掀开，并喷些水保持料面湿润、降温，晚上温度低时，再重新盖上薄膜。在保证料温的情况下，适当通风。

(4)播种后第4～5天要喷出菇水1次，喷水后要适当通风透气，避免喷水后即关闭门窗，否则菌丝会徒长。冬天增加光照，即可见有大量草菇子实体原基形成。

☞342．草菇室内栽培幼菇形成后如何进行管理?

在正常情况下，播种后6～7 d开始有幼菇形成。此时应注意保温保湿，并适当通风透气。维持料温33～35℃，空气相对湿度90%左右，保持一定的散射光。此时，菇房内的温度变化不宜太大，也不宜用强风直吹床面，切忌北风直吹菇房里面，否则会导致幼菇大量死亡。不能用水直接喷幼菇，湿度不够大时，用30℃左右的水喷雾。通常播种后10 d左右有菇采收。

☞343．如何采收草菇?

(1)草菇播种后7～10 d可见菇，15～17 d就能采收。由于草菇生长迅速，必须及时采收，有时一天要收两次。

(2)商品草菇采收适宜期是菌蕾长足，而脚苞未破裂，在卵状期时采摘。作鲜菇售根据当地习惯也有在伸长期采收的。一般可收4～7批菇。采收时动作要轻，一手保护未成熟的小菇，一手将成熟的草菇扭转提起。

(3)作草菇干制品的采收标准和鲜菇一样，采收时将脚未破裂的草菇用小刀剖开，然后将切口朝上，摊开在竹筐里，在太阳下曝晒，中间要翻动直到晒干为止，一般每9～10 kg鲜菇可制得1 kg干菇。

☞344．北方地区如何实现草菇的周年栽培?

北方栽培草菇的菇房在夏季可以利用自然的温度，通过合理的通风进行正常生产。在冬春季及秋季则要建造具有加温设备的菇房，菇房具备通风、保湿、保温、加温、透光的特性。播种前在每间菇房的走道处加放 3～4 个大油桶做的火炉，内部加蜂窝煤烧一天，室内温度达到 70～80℃，杀灭杂菌，降温至 30℃时开始播种。以后通过菇房入口处的两个火炉添加蜂窝煤及延长至菇房的陶管散热，使菇房温度保持 30℃左右。周年栽培一次性投入较高，但周期短，菇价好。

☞ 345. 草菇栽培过程中鬼伞发生的原因及防治措施有哪些？

墨汁鬼伞、膜鬼伞是草菇栽培过程中最常见的竞争性杂菌，它喜高温高湿，一般在播种后 1 周或出菇后出现，一旦发生，会污染料面并大量消耗培养料中的养分和水分，从而影响草菇菌丝的正常生长和发育，致使草菇减产。现将鬼伞发生的原因及防治措施介绍如下。

(1)栽培原料质量不好。在栽培草菇时利用陈旧、霉变的原料作栽培料，容易发生病虫害。因此，在栽培时，必须选用无霉变的原料，使用前应先在太阳下翻晒 2～3 d，利用太阳光中的紫外线杀死杂菌孢子。

(2)培养料的配方不合理。鬼伞类杂菌对氮源的需要量高于草菇氮源的需要量，所以在配制培养料时，如添加牛粪、尿素过多，使 C/N 降低，培养料堆制中氨量增加，可导致鬼伞的大量发生。因此在培养料中添加尿素、牛粪等作为补充氮源时，尿素应控制在 1%左右，牛粪 10%左右，且充分发酵腐熟后方可使用。

(3)培养料的 pH 太小。草菇喜欢碱性环境，而杂菌喜欢酸性环境。因此，在培养料配制时，适当增加石灰，一般为料的 5%左右。提高 pH，使培养料的 pH 达到 8～9。另外在草菇播种后随即在料表面撒一层薄薄的草木灰或在采菇后喷石灰水，来调整培养料的 pH，也可抑制鬼伞及其他杂菌的发生。

(4)培养料发酵不彻底。培养料含水量过高，堆制过程中通气不够，堆制时发酵温度低，培养料进房后没有抖松，料内氨气多，均可引起鬼伞的发生。进行二次发酵，可使培养料发酵彻底，是防止发生病虫害的重要措施，也是提高草菇产量的关键技术。

除此以外，菌种带杂菌、栽培室温度过高，通气不良，病虫害也容易发生。一旦菇床上发生鬼伞，应及时摘除，防止鬼伞孢子扩散。

☞ 346. 草菇菌丝萌发弱或向料内生长或出现菌丝萎缩的原因是什么?

在正常情况下，草菇播种后 12 h 左右，可见草菇菌丝萌发并向料内生长。如播种 24 h 后，仍不见菌丝萌发或向料内生长，或栽培过程中出现菌丝萎缩，其主要原因如下。

(1)栽培菌种的菌龄过长。草菇菌丝生长快，衰老也快，如果播种后菌丝不萌发，菌种块菌丝萎缩，往往是菌龄过长或过低的温度条件下存放的缘故。选用菌龄适当的菌种，一般选用栽培种的菌丝发到瓶底 1 周左右进行播种为最好。

(2)培养料温度过高。如培养料铺得过厚，床温就会自发升高，如培养料内温度超过 45℃，就会致使菌丝萎缩或死亡。播种后，要密切注意室内温度及料温，如温度过高时，应及时采取措施降温，如加强室内通风，拿掉料面覆盖的塑料薄膜，空间喷雾，料内撬松，地面倒水等。

(3)培养料含水量过高。播种时，培养料含水量过高，超过 75%，料内不透气，播种后塑料薄膜覆盖得过严且长时间不揿，加上菇房通风不好，使草菇菌丝因缺氧窒息而萎缩。

(4)料内氨气危害。在培养料内添加尿素过多，加上播种后覆盖塑料薄膜，料内氨气挥发不出去，对草菇菌丝造成危害。

☞347. 成片的小菇萎蔫死亡的原因是什么?

在草菇生产过程中,常可见到成片的小菇萎蔫而死亡,给草菇产量带来严重的损失。幼菇死的原因很多,主要有:

(1)培养料偏酸。草菇喜欢碱性环境,pH 小于 6 小时,虽可结菇,但难于长大,酸性环境更适合绿霉、黄霉等杂菌的生长,争夺营养引起草菇的死亡。因此,在培养料配制时,适当增加料内 pH。采完头潮菇可喷 1%石灰水或 5%草木灰水,以保持料内酸碱度在 pH 为 8 左右。

(2)料温偏低或温度骤变。草菇生长对温度非常敏感,一般料温低于 28℃时,草菇生长受到影响,甚至死亡。温度变化过大,如遇寒潮或台风袭击,则会造成气温急剧下降,会导致幼菇死亡,严重时大菇也会死亡。

(3)用水不当。一般要求水的温度与室温差不多。如在炎热的夏天喷 20℃左右的深井水,会导致幼菇大量死亡。因此,喷水要在早、晚进行,水温以 30℃左右为好。根据草菇子实体生长发育的不同时期,正确掌握喷水。若子实体过小,喷水过重会导致幼菇死亡。在子实体针头期和小纽扣期,料面必须停止喷水,如料面较干,也只能在栽培室的走道里喷雾,地面倒水,以增加空气相对湿度。

(4)采菇损伤。草菇菌丝比较稀疏,极易损伤,若采摘时动作过大,会触动周围的培养料,造成菌丝断裂,周围幼菇菌丝断裂而使水分、营养供应不上。因此,采菇时动作要尽可能轻。采摘草菇时,一手按住菇的生长基部,保护好其他幼菇,另一手将成熟菇拧转摘起。如有密集簇生菇,则可一起摘下,以免由于个别菇的撞动造成多数未成熟菇死亡。

鸡腿菇栽培技术

☞ 348. 鸡腿菇的营养价值怎样?

鸡腿菇是一种高档食用菌新品种,具有较高的营养和药用价值。据有关食用菌研究专家分析,每 100 g 鸡腿菇干品中含有粗蛋白 25.4 g,脂肪 3.3 g,无氮碳水化合物 51.5 g,纤维素 7.3 g,灰分 12.5 g,热效能值达到 1 453.20 J。此外还含有全部人体必需氨基酸。鸡腿菇不仅是一种风味独特的膳食佳品,也是一种比较难得的保健食品。

☞ 349. 鸡腿菇的经济价值怎样?

栽培鸡腿菇原料丰富,大多数材料来源于农副产品如稻草、秸秆、谷壳、米糠等,并且成本低,效率高,出菇时间长,操作简便,生熟料栽培均可。目前市场上售价较高,销量居高不下,价格稳定在 16～25 元/kg,经济效益可观。栽培鸡腿菇,是山区农民致富的好门路,尤其是适宜以种植水稻为主的地区农民栽培。

☞ 350. 栽培鸡腿菇如何进行选场配料?

栽培场地可选择在室内或室外大田、大棚或者与果树、农作物间进行套作。种植季节一年四季均可,夏季在室内或遮阳棚种植,秋、冬、春三季均以室外为主进行露地栽培。配料可按 20 m^2 的种植面积计算,需用干稻草 400 kg、石灰粉 20 kg,此外还可适当添加辅助原料如麦皮、米糠等。

☞ 351. 生产上常用的栽培鸡腿菇的配方有哪些?

(1)废菌糠 60%,棉子壳 28%,玉米粉 8.5%,尿素 0.5%,生石灰粉 3%,含水量 60%～65%。

(2)废菌糠 30%,棉子壳 30%,玉米芯 20%,麸皮 17%,生石灰粉 3%,含水量 60%～65%。

(3)废菌糠 86.5%,麸皮 10%,尿素 0.5%,生石灰粉 3%,含水量 60～65%。

(4)棉子壳 91.8%,麸皮 5%,二胺 0.2%,生石灰粉 3%,干料∶水=1∶(1.2～1.3)。

(5)棉子壳 40%,玉米芯 40%,麸皮 10%,玉米粉 4.5%,尿素 0.5%,生石灰粉 3%,过磷酸钙 2%,干料∶水=1∶(1.2～1.3)。

(6)玉米芯 88.%,麸皮 8.5%,尿素 0.5%,生石灰粉 3%,干料∶水=1∶(1.2～1.3)。

(7)玉米芯 61%,阔叶木屑 20%,麸皮 15%,过磷酸钙 1%,石膏粉 1%,生石灰粉 2%,干料∶水=1∶(1.2～1.3)。

☞ 352. 栽培鸡腿菇如何进行播种?

(1)建畦:挖宽 1.2 m,深 10 cm,长度不限,共 20 m^2 的畦床,四周开挖深、宽各 20 cm 的排水沟。

(2)畦床消毒:栽培前几天用 3%石灰水浇于全畦床,栽培的当天撒一层干草木灰。

(3)播种方法:采用层料 3 层种的层播方法,每平方米按干料计算用料 20 kg,厚约 25 cm,用种量 10%。栽培结束后用木板压实整平料面,薄撒一层干草木后盖土 3 cm,土表再薄撒一层草木灰,盖膜发菌,3 d 后抖动薄膜通风换气,每天 2 次。

☞353. 栽培鸡腿菇如何进行发菌管理及采收?

搭建小拱棚,用减少或增加竹拱上的草帘厚度和用制作双层竹拱双层膜的方法来调控料床温度在10～28℃,40 d后可见小菇破土而出,此时揭去料面土层上的盖膜,轻喷勤喷雾水保湿,再过10～25 d在菇蕾期时即可采收,用手将菇左右旋转拔出,用刀削去菇脚上的泥土即可销售。

☞354. 鸡腿菇生长过程中对温度有什么要求?

鸡腿菇属中低温型变温结实食用菌,菌丝生长温度范围为3～35℃,适宜的温度为21～28℃,抗寒能力很强,覆土中的菌丝在气温 −30℃左右的冬季仍能安全越冬。低温条件下菌丝生长缓慢,不健壮。高温超过35℃,菌丝停止生长。子实体原基形成温度范围8～30℃,生长适宜温度16～24℃。12～18℃时,温度低,子实体生长速度慢,但个大,菇体端正,菌盖紧贴菌柄,大而厚,菌柄短而坚实,商品价值高。超过20℃,菌柄易伸长,菌盖变小而薄,与菌柄发生松动,品质降低,且易开伞。

☞355. 出菇期如何进行覆土及环境调控?

覆土时选择肥沃的田土,过筛,除去杂质,用3%生石灰粉拌入土中,同时将37%的甲醛100～150倍液拌入土中,拌好后盖上薄膜闷24 h,杀灭土中杂菌和虫卵,处理好的土作为覆土。

覆土后,室温控制在22～26℃,空气相对湿度80%～90%,适当通风。待菌丝长满土层后,子实体原基分化,继而小菇蕾破土而出,菇房温度控制在16～24℃,空气相对湿度80%～90%,结合定时通风，通过通风孔射入的弱光保证菇房内子实体生长发育需要的光线，整个出菇期禁止向子实体喷水，以免菇体发黄，影响商品价值。

☞ 356 . 鸡腿菇栽培中常遇到哪些病害以及如何进行治理？

鸡爪菌是鸡腿菇栽培中的主要病害，轻者减产 30%～40%，重者绝收。菌丝生长阶段不感染，覆土后易感染此病。鸡爪菌寄生力很强，菌丝受感染后变细，发暗，停止出菇。鸡爪菌在土壤中可存活 1 年以上，适宜温度为 25～30℃，湿度为 90%以上。防治方法：①熟料栽培。②控制出菇不要温度和湿度过高。③对覆土进行严格消毒，用 37%的甲醛 150～200 倍液和 3%生石灰粉拌土，拌匀后用塑料薄膜覆盖闷 2 d 进行杀菌杀虫处理。④一旦有鸡爪菇病害发生，及时将感病菌袋拣出处理掉，或高温灭菌，或烧掉，以免扩散。⑤使用优质的纯菌种。

腐烂病是细菌性病害，危害也较重。夏季反季节栽培时发病率高。防治方法：①投料前用石灰水、烧碱等对菇棚进行消毒。②空气湿度及覆土含水量要稍低。③发病初期可用 0.1%～0.2%的农用链霉素防治。④及时拔除病菇，以防传染。

☞ 357 . 栽培鸡腿菇如何进行加工？

鸡腿菇七八成成熟采收后，要及时加工才能保证菇体的独特风味与营养。

(1) 简易加工方法：将菇体洗净后，浸入 0.6%盐水中约 10 min，沥干装入塑料包装袋，于 10～25℃的温度中保持 4～6 h，鲜菇即变为原菇的虎皮状颜色，也与鸡腿皮相似，此方法能保鲜 3 d 左右。

(2)盐渍法：将刚采收到的七八成成熟的鲜菇洗净后，放入开水中煮 6～8 min，然后捞出冷却沥干水分，放入缸内腌制。先在缸底放一层菇，再在菇面放一层细盐，按一层菇一层盐装至缸 2/3 处，最后加适量饱和盐水，再腌 8～10 d 后即捞出沥去多余的盐水，装桶密封即可长期贮存，此方法可保证销售 2～3 个月。

竹荪栽培技术

☞ 358. 栽培竹荪的原料有哪些？

①竹类：各种竹子的秆、枝、叶、竹头、竹根。②树木类：杂木片、树枝、叶以及工厂下脚料的碎屑。③秸秆类：豆秆、黄麻秆、谷壳、油菜秆、玉米芯、棉秆、棉子壳、高粱秆、葵花子秆等。④野草类：芦苇、芒萁、斑茅等，上述原料晒干备用。

☞ 359. 栽培竹荪常用的配方有哪些？

(1)阔叶树木片，竹片 68%，谷壳 30%，熟鸡粪或尿素 1%，碳酸钙 1%，pH 自然。

(2)阔叶树木片，阔叶树刨花 38%，竹粉或竹绒 30%，谷壳 30%，熟鸡粪或尿素 1%，碳酸钙 1%，pH 自然。

☞ 360. 如何处理栽培竹荪的原料？

栽培前将原料在阳光下摊晒 3～4 d，劈成长 11～22 cm，宽 1～2 cm 竹块，室外林间栽培的也可砍成 1 m 以下的竹块。然后用 1%～3%的石灰水浸泡 5～6 d，捞起用清水冲洗，稍晾干待用。竹叶和土壤翻晒 3～4 d 后，用 1%～1.5%的福尔马林、0.3%～

0.5%的敌敌畏混合液消毒。每立方米的竹叶或土壤用混合消毒液27～30 L,边喷药边搅拌。使药料充分混合均匀,盖上薄膜,土壤盖4～5 d,竹叶盖1～3 d后揭膜,摊开,让药物挥发1～2 d,便可使用。林间栽培的覆盖土壤也可不作消毒处理。

☞ 361.栽培竹荪的菇房如何进行消毒处理?

菇房可采用一般蘑菇栽培用菇房,床架可以用铁架、塑料架或竹木床架,还可采用塑料箱、木箱、花钵等进行箱栽和钵栽。栽培前,将菇房彻底清扫干净,用0.5%敌百虫液、0.1%多菌灵或0.5%漂白粉液喷洒室内外,床架用5%石灰水或596漂白粉搽擦。再用福尔马林熏蒸,闭窗门一昼夜,然后打开菇房一周后即可使用。栽培箱、钵用清水洗净后,再用0.5%高锰酸钾溶液擦拭其内外表面,备用。

☞ 362.竹荪的栽培方法有哪几种?

(1)压块栽培:将培养好的竹荪栽培种从瓶或袋中挖出,压制成菌块,进行覆土栽培的方法。特点是出菇早而集中,从而栽培用期也短,但用种量较大。

(2)直播床栽:指将经处理后的竹料等直接铺于菇床上,进行播种、覆土的栽培方法。具有出菇面积大、能充分利用菇架大面积栽培,菇房利用率较钵栽有效,但较压块栽培周期长等特点。

(3)直播箱(钵)栽:利用塑料周围转箱、木箱、花钵等容器,直接下料播种进行栽培的方法。

(4)林间代料栽培:在树林或竹林下,利用竹木加工后的废竹、木屑,农副产物如甘蔗渣、作物秸秆等进行竹荪栽培。这种方法具有应用范围广、投资省、用工少、管理方便、成本低、效益好等优点。

是在广大农村的竹区、林区栽培竹荪行之有效的方法。

☞ 363．栽培竹荪时如何进行压块？

将刚长满的竹荪栽培种从瓶（袋）中挖出，用规格为 40 cm×40 cm×12 cm 的木框，做成四周较厚中部稍薄的栽培块。木框使用前用 5%石灰水或 5‰的高锰酸钾溶液清洗。注意不要压得太紧，以免损伤菌丝体。压块成型后，去掉木框，先盖 1 张消毒干报纸，将菌块放在经消毒后的薄膜上，包裹好。菌块之间相距 4～5 cm，置于床架上，保湿培养 15～20 d，菌丝体会重新愈合。

☞ 364．压块栽培竹荪何时进行覆土？

待菌丝愈合后，在菌块上面盖 1～2 cm 厚的竹叶，继续培养 5～10 d，菌丝布满叶层 80%以上时，及时覆盖泥土 2～4 cm 厚。

☞ 365．竹荪覆土时应注意哪些问题？

竹荪子实体生长与覆盖土有密切关系，没有覆土的培养料，即便菌丝长得再好也无法长出竹荪，而土壤的优劣对产量的影响极大。栽培竹荪的覆土最好选用腐殖质含量高的壤土。土壤湿度一般控制在手捏土粒能扁而不粘为度，以便菌丝进入土壤，形成菌索进而长出菌丝。

☞ 366．压块栽培竹荪如何进行环境调控？

主要通过调节覆土层含水量、菇房内的温度、空气温度、通风和光照条件等来满足竹荪生长发育所需的最适条件，在适宜条件下 1～2 个月开始现蕾。

（1）水分管理：覆土层土壤含水量应控制在 20%～30%。若土壤含水量过大，则菌丝会因徒长，大量地爬于土层表面，在土层中分化形成原基，菌蕾数目少，达不到高产的目的。菇房内空气相对湿度保持在 80%左右。菌蕾生长阶段空气相对湿度应提高到 85%～90%。否则，空气量度太低，土层水分易散失；温度太高则易引起杂菌繁殖，尤其是黏菌。浇水时喷头应向上，以避免冲伤上蕾。

（2）温度控制：气温控制在 16～20℃，遇高温时，通过开启门窗而降低温度，以免热到菇蕾；低温时，要紧闭门窗，有条件的可装上加温装置，提高菇房温度，以防冻死菇蕾。

（3）通风换气：每天开启门窗 2～3 次，每次通风换气 10～20 min，以便新鲜空气进入菇房，供竹荪生长发育需要。

（4）光照：光照控制在 3～105 lx 的条件下。

☞ 367. 直播床栽竹荪如何进行下料播种？

床架上先铺一张大的消毒塑料薄膜，在薄膜底部开上几个小孔，以利多余水分流出。再在其上下料、播种，填铺一层料播一层种，共播 3 层菌种。尽量使菌种块夹在竹块之间，种料紧密相贴，最上层盖上一薄层竹叶。每平方米以干重计用料 20 kg，用种 3～4 瓶。播种完毕后，浇水，再盖上塑料薄膜，保湿培养。待菌种块复活生长，菌丝基本长满料面时，及时覆盖土壤，覆土层厚度 2～4 cm。

☞ 368. 林间代料栽培竹荪如何进行场地选择？

选向阳背风、排水良好、土壤湿润、无白蚁活动的竹林、竹木混交林、阔叶树林、针阔叶树混交林、果园等地作为栽培竹荪的场所。选好场地后，清除地上杂草、保持环境卫生，并撒上干石灰粉作消毒处理。为防止外界人畜干扰，在播种后最好在栽培场所周围人为地做上围墙。

☞ 369. 林间代料栽培竹荪如何播种？

一般地说，一年四季均可播种，但以春、秋两季播种效果最好。林间栽培一般采用床栽。床宽 80～100 cm，长度不限，厢间间隔 30～50 cm，以增加边际效应并增加菌丝蔓延出竹荪的范围。用栽培种 2～6 瓶/m^2。播种采用层播法：即先铺处理过的竹叶、木屑或树枝叶等培养料，随后撒一层菌种，再铺一层料，再撒一层菌种，如此播 3～4 层，一般铺料厚 15～20 cm。播后盖竹叶、木屑等，最后盖土，土层厚 4～5 cm，并用清水浇透。根据地势高低情况，也可采用相适应的地表栽培和坑栽两种形式。

☞ 370. 林间栽培竹荪如何进行管理？

野外林间栽培竹荪，只要场地选择恰当，一般不需要搭棚遮阳，土壤湿润的也不必浇水。春、秋季节若遇干旱，则需在菇床及竹头、坑边附近适当浇水补充水分。越冬后的菌丝待气温回升后，开始向四周蔓延伸展，形成菌索，在 3～4 月份，菌索先端形成小菌蕾，在菌蕾形成时，需经常浇水。此阶段若严重缺水，菌蕾则会因分化不成而死亡，即使形成菌蕾，也开不了裙；若浇水过多，则菌丝徒长，幼菌蕾到成熟时便全破口，给病菌的侵入以可乘之机，从而导致菌蕾死亡。一般在雨水较多的 6～8 月份，是竹荪大量出现撒裙的时候，要注意及时采收。

☞ 371.为什么野外林间空地栽培竹荪是最经济的栽培方法?

无论是竹林或树林,特别是老年林,其地下的根交错盘踞,因砍伐或自然死亡等多种原因,使地下埋藏了不少腐根,这些腐根是竹荪生长所需的营养物质。另外,在竹叶上撒些木屑效果也较好。在林间播种,菌丝不仅在投料的地方生长,而且同时也蔓延到其他有养料的地方。因此,野外林间空地培竹荪是最经济的栽培方法。

☞ 372.室外栽培竹荪如何进行遮阳?

目前遮阳主要有以下几种方法:

(1)搭建阴棚。在栽培场地搭建类似于香菇木耳的阴棚,这种方法效果较好,但花工大成本高。

(2)覆盖芒萁草。在畦面上覆盖20～30cm厚的芒萁,这种方法简便适用,在闽北被广泛采用。

(3)套种作物法。在畦两旁套种有遮阳效果的农作物。目前,较为成功的是套种大豆,具体方法是在3月下旬至4月上旬,在畦两侧按40～50cm株距栽下晚熟秋大豆秧苗,在出菇阶段,大豆枝叶正好起到良好的遮阳效果。

☞ 373.栽培竹荪时如何进行病虫害的防治?

为害竹荪的病虫主要有螨虫、白蚁,应贯彻预防为主、防治结合的方针,做好菇场周围的环境卫生,减少病虫源。

(1)防治螨虫。螨虫个体极小,肉眼一般不易发现。检查方法:用手插入培养料几分钟,抽回后若有瘙痒的感觉,则说明有螨虫危害。发生螨虫危害,选用4.3%菇净乳油10mL,加水15kg,

加 7～8 片溶化后的酵母片喷雾，一般在未出菇前喷 2 次。

(2)防治白蚁。保持菇床间作业通道及排水环沟的浅水层，隔断白蚁进入菇床的通道，预防白蚁危害效果较好。也可以在白蚁窝附近施用农药。

☞ 374. 栽培竹荪何时采收？

竹荪的商品部分一般指菌裙和菌柄，裙、柄的完整性和颜色的洁白程度直接地影响到竹荪的产品质量。采收期应在竹荪生长发育过程中的成型期进行。因为成型期的竹荪子实体菌柄伸长到最大高度，菌裙完全张开达到最大粗度，产孢体(菌盖上黑褐色孢子液组织)尚未自溶，所以这时采收的竹荪子实体具有很好的形态完整性，菌体洁白。否则，过早地采收，菌裙、菌柄尚未完全伸长展开，干制后个体小，商品价值低；过迟采收，菌裙、菌柄萎缩、倒伏；而且产孢体自溶沿裙柄下流，污染裙、柄，严重地影响到产品的色泽。

☞ 375. 采摘竹荪有哪些注意事项？

采摘时，用一只手扶住菌托，另一只手用小刀将菌托下的菌索切断，轻轻取出，放入瓷盘和篮子内。决不要用手扯，因为菌裙、菌柄很脆嫩，极易折断，采摘时应轻拿轻放。采收后，将菌盖和菌托及时剥掉，保留菌裙菌柄。若裙、柄已有少量污染，则应及时用清水或干净湿纱布擦净即可。

八、珍稀食用菌栽培

白灵菇栽培技术

☞ *376*. 白灵菇的营养价值如何？有哪些药用功效？

白灵菇原产新疆，有“天山神菇”“草原上的牛肝菌”之誉。

白灵菇营养成分较一般菇类丰富。子实体含蛋白质约16%，粗脂肪11%，灰分6%，粗纤维4%，富含18种氨基酸，其中赖氨酸和精氨酸的含量较金针菇高出1～6倍，堪称菌中之最。维生素D的含量较其他菇类高3～4倍。并且含多种矿质元素，对于平衡和补充人体营养有着难以替代的作用。

白灵菇含有较多的阿魏多糖，野生菇具有与中药阿魏相同的医药疗效，即有消积、杀虫、镇咳、消炎及防治妇科肿瘤的功能和作用，还具有补肾、壮阳、补脑、提神、预防感冒、增强人体免疫力等功效。

☞ *377*. 白灵菇需要什么样的营养条件？

人工驯化栽培的白灵菇可着生于多种基质上，如棉子壳、阔叶木屑、稻草等，可分解利用大多数的碳氮物质作为生长发育所需的营养，是一种腐生型菌类。在此基础上，可大量采用农业副产品并添加少量速效营养成分进行规模化商品生产。

☞ 378．白灵菇生长的温度条件？

白灵菇菌丝可在5～32℃范围内生长，最适温度为25℃。子实体的生长温度为8～20℃，最适温度为14～16℃，在此范围内，温度越低，子实体发生数量少，个头发育肥大，菌肉结实，产品外观好，品质亦有所提高。生产中应尽量创造条件使其生长温度控制在下限水平，以生产出高质量的子实体，获得更高效益。

☞ 379．白灵菇生长对水分的要求？

白灵菇菌丝体生长阶段，基质含水率40%左右时，菌丝仍可较正常地发育。但在人工栽培条件下为提高其产量和质量，应尽量为其创造适宜的生活条件以利其健壮、旺盛地生长。因此，可将培养料含水量调至65%～68%。出菇阶段空气湿度宜在90%左右，低于80%时菌盖易过早开伞；低于70%时菌盖易形成龟裂，产生鳞片；达到100%时易发生某些病害。

☞ 380．白灵菇对通风条件的要求？

白灵菇菌丝生长对二氧化碳的耐受能力特别强，这点与其他菇类不同，几乎可在半厌氧条件下生长发育。在二氧化碳浓度达22%的条件下，其菌丝生长量反大于新鲜空气条件下的生长量。但在子实体生长阶段则需要新鲜空气，这时期应把二氧化碳浓度控制在0.05%以下水平。

☞ 381．白灵菇生长对光线的要求？

白灵菇菌丝生长阶段不需要光线，应予闭光发菌，但在黑暗条件下则不能形成和分化子实体。生产中可根据市场要求的形态控制光照强度，如生产伞状的菇体，应调控菇棚光照度在200～1 500 lx，但不允许有直射光；如生产棒状菇体，应调控在50～200 lx。

☞ 382. 白灵菇生长对酸碱度的要求？

白灵菇菌丝在pH 5～9的基质中均可生长，但以6.5为宜，属微酸性条件。生产中可将培养料pH调在8.5左右，经灭菌后自然下降至7左右，基本可满足菌丝生长所要求的条件。

☞ 383. 栽培白灵菇需要准备哪些基本设施？

白灵菇菌丝均较弱，抗杂菌能力较差，栽培方法一般都采用熟料栽培，也就是将培养料经高压或常压灭菌，冷却后无菌操作接菌。因此，栽培前需准备灭菌设施、接菌设施和培养场地、出菇场地等。利用上述条件，生产者还可以自行生产二级菌种。

☞ 384. 白灵菇生产场所的设计要求有哪些？

生产场所的标准是：第一，要求环境洁净，空气清新，水质无污染，选址时应远离畜圈禽舍、农副产品集散地等发尘、发菌量高的地区，避免受外界环境影响造成污染；第二，要求地势高、干燥，地域宽广，保证水、电供应和交通方便；第三，各作业室、配料室、灭菌室、接菌室、培养室，应根据无菌作业的流程进行安排，做到既相连接又相隔离。

☞ 385. 栽培白灵菇需哪些原料和辅料？

栽培白灵菇的主要原料为锯末、玉米芯、豆秸、棉秆、棉子皮等。但有些地区的棉秆和棉子皮中农药残留量严重超标,广大生产者又无检测手段,很难判断优劣,最好不予使用。栽培白灵菇的主料应占全部原材料的70%左右。栽培袋一般装干料0.6 kg,其中主料为0.42 kg左右。如准备栽培10 000袋,需采购主料4 200 kg,除去一些损耗,实际应采购4 500～5 000 kg。

栽培白灵菇的辅料为麦麸和玉米面。玉米面最好是玉米带皮粉碎的。麦麸可从面粉加工厂购买。辅料一般占总料的30%。除此之外还需购买石膏和石灰,约占总料的1%。

☞ 386. 白灵菇菌种分几级?各级种可扩繁多少?

白灵菇的菌种分一级种和二级种,一级种也叫母种或试管种。试管种又分继代管和生产管。继代管可以再转接试管进行母种扩繁,而生产管只能转接二级种。二级种也叫原种,是由一级种扩繁而成。栽培白灵菇一般不使用三级种。一支继代管可转接30多支生产管,每支生产管又可转接5～6瓶二级种。一瓶二级种可接种25袋左右栽培袋(两头接菌),也就是说一支生产管可以接种125～130袋栽培袋。

☞ 387. 白灵菇的母种培养基配方是什么?怎样制作?

母种培养基,常用以下两种配方。

配方一:马铃薯200 g,琼脂20 g,葡萄糖20 g,水1 000 mL。

配方二:马铃薯200 g,琼脂20 g,葡萄糖20 g,维生素B_1 0.25 g,磷酸二氢钾3 g,硫酸镁1.5 g,水1 000 mL。

制作时,先将土豆去皮切片后置容器内,加水1 000 mL,加热煮沸30 min,煮至土豆片熟而不烂时为宜,将土豆片捞出,用双层纱布过滤。滤液中再加入琼脂,不断搅拌,待琼脂溶解后,补充水至1 000 mL,然后加入其他物质,待充分溶解后,分装试管，装量为试管长度的2/5左右。按常规塞好棉塞，在高压锅内灭菌30～40 min停火。待压力表指针自然降至零时，开锅将试管培养基在平台上摆置成斜面，斜面长度约为试管长度的2/3。

☞388. 白灵菇二级种的配方是什么？

杏鲍菇、白灵菇菌种质量的好坏关系到产量的高低、品质的优劣和栽培袋污染率的高低。因此生产者应尽可能选择最佳配方生产二级种。

配方一：小麦96%，石膏粉4%。

配方二：小麦60%，杂木屑31%，麦麸8%，石膏粉1%。

配方三：玉米粒45%，杂木屑44%，麦麸10%，石膏粉1%。

配方四：棉子皮78%，麦麸20%，白糖1%，石膏粉1%。

上述四种配方以第一种为最佳配方。

☞389. 能用三级种生产栽培袋吗？

在生产中发现使用三级种生产的栽培袋会降低成活率，出现菌丝弱、污染率高、菇体小、畸菇、产量低的现象，对杏鲍菇、白灵菇的产量和质量都有不利影响。因此，不提倡使用三级种生产栽培袋。

☞390. 白灵菇一年能栽培几茬？

由于白灵菇比杏鲍菇菌丝还弱，长速更慢，栽培袋菌丝培养需要60～80 d或以上才能长满袋，菌丝长满袋以后还需经40～60 d的成熟期，也就是说，从生产栽培袋到出菇需100～120 d。因此，二三月份栽培白灵菇,未开始出菇就已到高温季节,白灵菇栽培袋越夏又有一定难度。故一般条件下,只在每年的秋季栽培一茬,进入春季不宜栽培。

☞ 391. 白灵菇几月份开始生产栽培袋?

为了减少污染率,在每年的8月份以前不宜生产栽培袋,而进入9月份以后至11月份之前为最佳生产栽培袋季节。如同时栽培杏鲍菇和白灵菇两个品种,一般是9月份以前先生产杏鲍菇栽培袋,在9～11月份生产白灵菇栽培袋,11月至翌年2月份再生产杏鲍菇栽培袋。

☞ 392. 白灵菇栽培需选用多大规格的塑料袋?

因目前只在秋季栽一茬白灵菇,有充足的发菌时间,故常采用以下规格的塑料袋:第一种用于一端接菌的,塑料袋规格是17 cm×33 cm或20 cm×37 cm;第二种用于两端接菌的,塑料袋规格是17 cm×38 cm。

☞ 393. 在塑料大棚内能接菌吗? 如何改造?

一些栽培户在外地租用塑料大棚或大棚离住地较远,也可在大棚附近的地方拌料灭菌,接菌也可以放在大棚内。先制作一个蚊帐式的接菌帐,挂在大棚入口一方。在接菌帐底下铺上塑料布,把接菌帐下沿用沙袋压住,在接菌帐的一侧下方和对面的上方各开一个通气孔,封上纱布或无纺棉。灭菌时把通气孔用塑料布封严使其不漏气,接菌前2 h去掉塑料布通过纱布层换气。如果大棚较长,也可将接菌帐随时移动,方便搬运。

☞ 394. 菌种使用前应怎样处理?

菌种使用前先用高锰酸钾溶液或酒精进行表面消毒,搬进接菌室内连同栽培袋及工具进行第二次消毒。如果菌种瓶是用棉塞封口的,一定要严格检查棉塞下方是否染有杂菌。因菌种培养时间长达1个月左右,其棉塞内常因培养料水分蒸发而受潮,或棉塞过松使杂菌侵入,而在棉塞下方滋生杂菌。如果在接菌室内拔出污染的棉塞必然将杂菌传播到室内造成污染。因此使用前一定要严格检查。一经发现,弃之不用。

☞ 395. 栽培袋接菌这个环节,有哪些严格要求?

栽培袋接菌是整个生产工序中的关键环节之一。有的栽培户因这一环节没掌握好,结果造成了重大损失。具体要求有三条,即严格、适时、快速。

严格,指必须严格无菌操作。参看“无菌操作规程”。

适时,即指要适时接菌。栽培袋灭菌后要在1～2 d内接完菌。相隔时间越长,造成污染的机会就越多。但是也要防止袋温过高接菌,易烫伤菌丝。待栽培袋料温降至室温时才能接菌。接菌时要避开湿度过大、温度过高的天气,特别是雾大雨多的天气,极易污染杂菌。6～9月份高温季节,宜在后半夜或清早接菌。只要掌握适时接菌,栽培袋的污染率就会降低。

快速,即指接菌时间要紧凑、动作要快。1 000袋栽培袋要在3～4 h内接完。防止接菌途中休息、出入接菌室。如必须离开接菌室,则再次进入时需重新消毒。

☞ 396. 白灵菇栽培袋的接菌量是多少?

用 500 mL 的罐头瓶或盐水瓶生产的麦粒菌种,每瓶装干小麦粒 0.15～0.2 kg,每瓶能接 50～60 袋,如两端接菌只能接 25～30 袋。

☞ 397. 白灵菇在菌丝培养阶段应注意哪些问题?

白灵菇栽培袋接完菌后,即进入菌丝培养阶段。在此阶段应做到干燥防潮、避光、通风、保温。培养室空气相对湿度应控制在 70%以下,避光培养。通风良好是白灵菇菌丝生长的重要条件。尽管白灵菇菌丝能耐受较高浓度的二氧化碳,但仍以较新鲜空气对菌丝发育有利。温度是菌丝生长的重要条件,温度太高菌丝易徒长、细弱;温度太低又影响菌丝长速,菌丝未长满袋就会出菇,影响产量和质量。发菌温度应控制在 22～27℃。7～9 月份气温高,可通过遮阳降温。白天不通风或少通风,夜间大通风。10 月份以后大棚需要掀帘提温,通风时间可安排在白天。掀草帘时应用黑塑料布在棚内遮光。总之,要灵活地控制温度、湿度、通风等条件,绝不能顾此失彼。

☞ 398. 高温季节怎样摆放菌袋?

每年 7～9 月份,因气温较高,摆放菌袋时要单排摆放,每排间留有一定间隙以利通风。垛高 7～8 层。如是打孔接菌的栽培袋,应码成“井”字形。

☞399. 低温季节怎样摆放菌袋？

每年10月份以后至翌年2月份之前，气温逐渐下降对发菌十分不利。此时除通过掀草帘、生炉子等提温外，还要充分利用堆际间温度来提高菌袋发菌温度。具体做法是，将栽培袋几排靠在一起，排与排之间不留间隙，垛高可达8～10层。一般在10月份时把3～4排栽培袋靠在一起，垛高4～5层；11～12月份时5～8排靠在一起，视气温不断降低情况逐渐加高层数。最后上面盖黑塑料膜遮光。这种方法也就是群众所讲的码大垛发菌。随着菌丝的生长，垛内温度不断升高。经15～20 d，垛内温度可达25℃以上，此时要进行翻堆，即将上、下、左、右的袋放在里面，将里面的袋放到外面。一般15 d左右倒一次垛。用此种方法发菌一定要注意观察垛内温度，严防烧垛。

☞400. 为什么要翻堆检查，需注意哪些问题？

翻堆检查的目的是为了使上、下层的菌袋发菌均匀，避免垛中间的温度过高，出现烧垛现象。同时翻堆时可将污染杂菌的菌袋挑出来进行分类处理。属于轻度污染的，可用注射针筒吸取氨水或75%酒精注射受害处，并用手指轻轻按摩表面，使药液渗透杂菌体内，然后用胶带纸贴住注射口，摆放于通风好、温度低、湿度较小的地方继续养菌。

☞401. 在发菌过程中，菌袋为什么会有吐黄水的现象？

白灵菇栽培袋在两种情况下会出现吐黄水现象。一种是菌袋发满菌后出现吐黄水现象，这是菌丝成熟的标志，遇到这种现象应控制好温度、湿度、光照、通风，进入出菇管理。另一种是菌丝未发满即出现吐黄水，这是因袋内缺氧引起的。接入菌种后经 10 d 左右时间的发菌，菌丝已长满料面并向下吃料几厘米，这时袋内氧气基本耗尽，菌丝处于缺氧呼吸停止生长，已长的菌丝很快老化就会分泌出黄色水珠。发现这种情况应及时扎眼给袋内通气。积水多的可在积水处扎眼让水流出。

☞ 402. 白灵菇栽培袋菌丝生理成熟的标志是什么？

白灵菇栽培袋菌丝长满袋后再经过一段时间，当敲击菌袋时发出类似空心木的声响，菌袋接种的一端可见微黄色水珠，即可视为菌丝生理成熟。

如果菌丝未长满菌袋，因缺氧而造成吐黄水，是菌丝缺氧老化的表现，不能视为菌丝生理成熟。

☞ 403. 白灵菇怎样进行催蕾处理？

将菌丝已达生理成熟的白灵菇菌袋移入菇棚（或其他出菇场所），自然堆放即可。将草帘卷起，用直射光将棚温升至 35℃再放下草帘，意在使用较强光照及高温对菌丝进行强烈刺激，促其快速且整齐地转向生殖生长；晚间打开所有通风口，最好能将棚膜揭去，使菌袋再接受约 10 h 的较低温度刺激，此举若能配合喷灌地下水则效果更佳。通过连续 2 d 的光、温、水强烈刺激后，菌丝开始从营养生长阶段转入生殖生长阶段。此后调控棚温 15～20℃、空气湿度 90%左右、散射光照度约 500 lx，约 1 周后，菌袋接种处即有原基现出，且较整齐一致，这时就应去掉袋口封口物，继续保持上述温度等条件，结束催蕾，进行出菇管理。

☞404. 白灵菇幼菇阶段怎样管理?

当白灵菇的原基膨大至直径 2 cm 左右时，已初具子实体形态，应将袋口多余的塑料剪去，或向下挽起，使幼菇和料面暴露在空气中。如果袋内有边壁菇，也应及时在其周围用刀片将塑料膜切破为“十”字开口状，令菇体暴露出来。

幼菇阶段的温度要尽量调低，控制在 12～15℃范围内；空气湿度应保持在 90%左右，并有弱小、不间断的通风。该阶段的光照度对子实体的形状有极为明显的影响，随着光线的加强，子实体呈粗壮长势；反之，光线越暗则子实体形状趋于细长。生产者应根据市场需求的形状，灵活控制光照强度，一般在 800 lx 左右光照下，子实体形状较正常，可在此基础上增减调控。3～5 d 后即进入成菇生长期。

☞405. 白灵菇成菇阶段怎样进行管理?

当白灵菇的幼菇菌盖直径长到 4 cm 左右时(根据菇龄情况)，即可进入成菇管理。成菇阶段可根据对产品形状的要求，进行不同条件的调控管理。如果要生产棒状的白灵菇，应控制温度在 12℃左右，给予 50～200 lx 的光照，这种条件下产出的白灵菇，菌盖肥厚，直径小，菌柄粗壮。如果要生产伞状菇，则需把出菇温度调高，随着温度的升高，菌盖会趋薄，叶片大，同时加强光照，把光照强度控制在 200～1 500 lx。

在水分管理上，如欲提高鲜菇产品的耐储、耐运性，延长货架寿命和贮存期，就要把空气湿度控制在 80%以下。但湿度越低，产量水平也会随之降低。若要提高产量，就要提高湿度在 95%左右，可提高产量约 20%，但同时又会大大缩短其贮存期和货架寿命，耐运性也差。

若无特殊要求，生产中，一般将温度控制在 8～20℃（14～16℃最好），湿度 90%～95%，光照在 200 lx 左右比较合适，并常保持通风。这样生产出的白灵菇产品，形态较正常，产量也较理想，还可保证相应的产品质量。

☞ 406. 白灵菇能覆土栽培吗？需要注意哪些问题？

白灵菇同杏鲍菇一样，也能覆土栽培出菇。通过覆土栽培，白灵菇最大丛重达 4 kg。因此，覆土栽培也能明显提高白灵菇的产量。其覆土方法参照杏鲍菇。

由于白灵菇一般只能出一潮菇，很少出二潮菇，故生产栽培袋的长度应短些，一般培养料的长度以 20 cm 以内为宜。如果过长，覆土一端的培养料养分未得到充分利用，造成浪费，降低了生物转化率。

☞ 407. 工厂化生产白灵菇的主要技术指标有哪些？

(1)温度：常压灭菌 100℃（16～18 h），高压灭菌 121℃（2～3 h）。培养室温度控制在 18～20℃。出菇室温度在 15～18℃。菇蕾分化温度为 10～13℃（10～15 d）。菇蕾诱发温差 10℃（5～7 d）。

(2)湿度：发菌室小于 70%；出菇室 87%～95%。

(3)光照：发菌室避光培养，出菇室 200～500 lx。

☞ 408. 工厂化生产白灵菇的主要技术管理措施有哪些？

(1)敞口期管理。菌袋在发菌室内经过 40～50 d 的培养，菌丝长满菌袋后搬入出菇房，上架 1～2 d 进入敞口培养。做法：去掉穴口上的封条，菌丝体与空气更好接触，练菌 10～20 d。挖掉菌种块，增加透气性，确保出菇定位。

(2)蹲菌低温、催蕾变温。敞口后，菇房内温度调至 10～13℃。空气相对湿度小于 80%。8～12 d 蹲菌处理后，变温催蕾。昼夜温差 10℃以上，散射光照，光照强度 300～800 lx，时间 10～15 d。

(3)出菇房管理。时间 12 ～15 d。要求：①子实体发育期。优质菇要疏蕾控株，为菇蕾充分接触空气，剪掉袋口薄膜。接种穴处保留一朵菇蕾，多余的及时去掉。疏蕾后，温度 13～18℃。空气相对湿度 80%～90%，干燥时在室内空间喷雾或地面泼水。②子实体成熟期。保持菇房温度 10～20℃、空气相对湿度 85%；要经常开机通风，采用散射光照，使菇体肥厚且色泽洁白。③子实体采收期。成熟采收标准是菇盖平展，中间平整或下凹。盖边向外翻卷且富有光泽，菌褶清晰舒展。

杏鲍菇栽培技术

☞ 409. 杏鲍菇生长的营养条件是什么？

杏鲍菇生长的营养条件主要是碳源、氮源和无机盐。与其他菇类有所不同的是，杏鲍菇是高营养型的菌类，它所需碳、氮比可达 10∶1 或以上，因此在配制培养基时除添加麦麸、细米糠以外，还要添加玉米粉、豆饼粉等物质来补充氮源。

☞ 410. 杏鲍菇生长的温度条件是什么？

杏鲍菇菌丝生长的温度范围是 5～32℃，适宜温度为 24～27℃，在 25℃生长速度可达峰值。高于或低于 25℃菌丝生长速度均下降，并呈一定等值关系，如 26℃等于 20℃的生长速度，27℃等于15℃的生长速度，28℃等于10℃的生长速度。低温培养菌丝健壮并有利于控制杂菌污染。在生产中要密切注意气温、菌温、堆际温度，并处理好三者间的关系。气温是指室内外自然温度；菌温是指培养料内菌丝体生命活动产生的温度；堆际温度是堆间袋间周围的温度。高温季节要避免极端高温危害，低温季节要充分利用三种温度效应，提高室温，促进发菌。菌丝在发菌过程中，由于菌丝不断增殖，新陈代谢渐旺，菌温也随之升高，一般比气温高3～5℃。杏鲍菇子实体形成温度为8～22℃，原基形成最适温度16～18℃。

☞ 411. 杏鲍菇生长对水分的要求？

杏鲍菇菌丝生长和出菇管理对水分的要求与其他菇类稍有不同，配制培养基时含水量要求在66%～68%，水量偏低会使产量明显降低。但含水量如超过70%则菌丝生长缓慢，易污染杂菌。栽培室空气相对湿度应控制在80%～90%，一般低温季节空气相对湿度可略高些，高温季节可略低些，以免滋生杂菌和害虫。

☞ 412. 杏鲍菇对通风条件的要求？

杏鲍菇是好气性菌类，必须有充足的氧气条件才能正常生长。氧气不足，菌丝体活力下降，长速变慢。在菌丝体生长阶段和出菇阶段必须提供充足的氧气，通风换气良好也是防治病虫害的有效手段。具体做法是结合温度、湿度管理，适当加强室内通风换气，确保空气新鲜。

☞ 413. 杏鲍菇对光照的要求？

杏鲍菇在菌丝生长阶段不需光线。但子实体在生长发育中要求有一定的散射光，完全黑暗的条件下原基不分化，分化的原基不形成菌盖。但如果光线过强，则会造成柄短盖大的畸形菇。控制好光照强度是生产优质杏鲍菇的重要环节。出菇室的光照强度一般为 50～200 lx。

☞ 414．杏鲍菇对酸碱度的要求？

杏鲍菇菌丝生长需微酸性培养基，在 pH 3～12 内，菌丝皆可生长，适宜 pH 为 5～7，在配制培养基时 pH 调到 7.5 左右，灭菌后可降到 7 以下。

☞ 415．栽培用塑料袋应选哪种规格？哪种材质？

栽培杏鲍菇用的塑料袋主要有以下几种规格：①20 cm×37 cm 折角袋(一头接菌)。②17 cm×33 cm 塑料筒(两头接菌)。③17 cm×38 cm 塑料筒(两头接菌)。④15 cm×55 cm 塑料筒(打孔接菌)。塑料袋材质主要有三种：高压聚乙烯、低压聚乙烯和聚丙烯。高压聚乙烯不耐高压灭菌，低压聚乙烯能耐 0.103 MPa、121℃以下的高温，聚丙烯塑料袋能耐 0.152 MPa 的灭菌压力、128℃以下的高温。根据不同的灭菌方式，应选用不同材质的塑料袋。高压灭菌时选用聚丙烯塑料袋，常压灭菌时应选用低压聚乙烯塑料袋。高压聚乙烯塑料袋因拉力及韧性比低压聚乙烯塑料袋差，故很少使用。

☞ 416．目前国内有哪些优良菌种？

目前国内用于栽培杏鲍菇的菌种很多。经国内试验筛选比较，认定杏 A(日本引进)、杏 HA、杏 HB(韩国引进)、杏 F(法国引进)、杏 N(中国农科院引进)等菌株经济性状优良，适合在北方地区栽培。各品种主要经济性状如下。

杏 A:个体大，色泽淡，向光性强，抗杂，高产。杏 HA:个体中等，色泽深，向光性较强，抗杂，高产。个体大，色泽较深，向光性较强，抗杂，高产。杏 F:个体大，色泽淡，向光性强，抗杂，高产。杏 N:个体大，色泽淡，向光性强，抗杂，高产。

另外，国内也在不断选育一些优良品种，如 Pe528、杏 13 等。

☞ 417．杏鲍菇一年能栽培几茬?

杏鲍菇出菇温度为 8～22℃。目前生产者多靠自然气温生产杏鲍菇，因此，在北方地区只能生产栽培两茬，即春季栽培一茬，秋季栽培一茬。采用工厂化栽培可以周年生产。

☞ 418．春季栽培杏鲍菇几月份开始生产栽培袋为宜?

全国各地气温差异较大，就北方地区而言，各地也有很大差别。各地可根据本地区气温情况安排生产。如北京地区每年 4 月底气温已升至 22℃以上，因此杏鲍菇出菇季节应为 4 月底以前。杏鲍菇出菇期按两潮菇计算最少需 60 d 时间，而菌丝生长又需 60 d 左右，如此推算，生产栽培袋的季节最晚不能超过 1 月底。当然，如果在果窖、防空洞中栽培，则栽培期可以延迟到 1 月份以后。

☞ 419．秋季栽培杏鲍菇几月份开始生产栽培袋为宜?

北方地区每年 9 月底左右自然气温最高仍达 25℃以上，但出菇棚内由于遮阳和喷水保湿，使棚内温度可降至 22℃左右。以此推算可于6月份生产栽培袋。但每年6～8月份正值高温高湿季节，在这个季节生产栽培袋污染率极高，得不偿失。根据大规模生产经验，以每年立秋后即8月中下旬开始生产栽培袋较为适宜。

☞420．杏鲍菇能越夏出菇吗？

由于杏鲍菇菌丝较弱，抗杂菌能力差，在高温高湿季节极易导致杂菌污染，特别是出过一茬菇的菌袋更易污染杂菌。因此，生产条件较差的栽培户，应科学地安排栽培季节，尽量在高温高湿季节到来之前出菇结束。如想秋季出菇，也尽量避开高温季节生产栽培袋，以减少损失。

☞421．目前国内栽培杏鲍菇主要有几种栽培方法？

杏鲍菇与白灵菇栽培方法相近，概括起来主要有地栽、码跺栽培和层架式栽培三种栽培方法。地栽方法是当菌袋的菌丝长满后将塑料袋去掉卧放于畦中，菌袋上覆一层1 cm厚的土；或将菌袋一端打开埋于土中进行出菇。此栽培方法菇形正、不弯曲，但占地面积较大。码垛栽培方法是当菌袋长满菌丝后，将一端或两端的袋口打开，菌袋单排或双排摆放进行出菇。这种方法可以提高栽培场地的利用率，但产量比地栽方法略低，而且子实体也易弯曲。层架式栽培是与栽培滑菇、香菇方式相似。将菌袋立放或卧放于层架上，打开袋口进行出菇管理。

☞422．杏鲍菇栽培袋装袋的松紧度有何要求？

在装栽培袋时要根据培养料的粗细程度来掌握松紧度。一般料较粗时装袋要紧些，料较细时要装得松些。标准的松紧度是以成年人手抓料袋，五指中等用力捏住，袋面呈微凹指印，有木棒状感觉为妥。如果手抓料袋时两端下垂，料断裂，则表明装得太松。

☞423．杏鲍菇栽培时间不同，选用的塑料袋大小是否一样？

据试验和广大菇农的生产实践证明，栽培杏鲍菇要想获得较好的经济效益，必须做到以下几点：①出菇期尽量提早或延晚。提早或延晚产出的杏鲍菇可以补充市场淡季，售价较高。但要提早出菇必须提早生产栽培袋，那么如何控制污染是个关键。②杏鲍菇栽培袋越夏有一定难度，特别是已出过一潮菇的栽培袋在七八月高温季节会大部分污染杂菌。因此，在安排生产时，尽可能使栽培袋在高温到来之前结束出菇。基于上述原因，栽培杏鲍菇的时间不同，栽培方式及塑料袋的大小应有所改变，不能一个模式。各时期栽培模式如下。

7月初至8月底，采用20 cm×37 cm折角塑料袋，用无棉盖体封口，一头接菌，可有效地降低污染率。经1个月左右时间发菌，在国庆节前即可出菇。

9月初至12月底，采用17 cm×38 cm塑料袋两头接菌，在春节前可出完两茬菇。1月初至2月底，采用17 cm×33 cm塑料袋两头接菌，或采用15 cm×55 cm塑料筒膜，打孔接菌，可缩短发菌时间，在高温季节到来之前能保证出完两茬菇。

☞424．杏鲍菇栽培袋菌丝生理成熟的标志是什么？

杏鲍菇菌丝发育成熟的栽培袋不仅产量高，而且菇体质量好，抗病虫害的能力也较强。根据实践经验，杏鲍菇菌丝达到生理成熟主要从长势、色泽、pH三个方面来判断。

杏鲍菇栽培袋的培养料必须长满菌丝。当菌丝发满袋后再继续培养 10 d 左右，使其营养成分得到更充足的积累。如果培养时间虽然很长，但由于温度、通风等原因菌丝尚未长满菌袋，则未达到生理成熟，不能进入出菇管理。

当然也能从色泽上进行判断，当菌丝长满袋后，在菌袋的两端不断分泌出黄色水珠，用 pH 试纸测试黄色水珠，pH 在 4 左右，说明菌丝已达到生理成熟。

☞ 425. 杏鲍菇原基形成必须满足哪些条件？

杏鲍菇原基形成必须满足两个条件：一是杏鲍菇菌袋必须达到生理成熟，这是杏鲍菇原基形成的物质基础。二是适宜的环境条件，即当时当地的环境条件是否利于原基分化和形成。杏鲍菇最适宜的出菇温度为 16～18℃，当气温高于 20℃ 以上时不宜开袋。气温稳定在 10～18℃ 时再把塑料袋打开，控制温度在 10～18℃。气温低时要设法升温保湿；气温高时要通过加厚覆盖物、喷水等措施降温。同时将棚内空气湿度维持在 85%～90%，并增加适当的散射光；每天通风 2～3 次，每次 30 min，保持空气新鲜。经过 8～15 d 就可以形成原基并分化成幼蕾。

☞ 426. 杏鲍菇菇蕾培育阶段是否需要变温刺激？

杏鲍菇属恒温结实性菇类，在原基形成与分化阶段不需要昼夜温差刺激，只需低温刺激。在 10～15℃ 刺激原基形成后，将温度提高到 15～18℃，让子实体进一步生长发育。

☞ 427. 杏鲍菇栽培袋能搔菌吗？怎样搔菌？

杏鲍菇菌袋搔菌后可减少原基分化数量，使出菇整齐均一。

所以，在生产中，特别是工厂化生产中常进行搔菌处理。但采用打孔出菇的栽培袋，因接菌点多，不便于进行搔菌处理。具体操作步骤如下：当菌丝长满袋后，不需经 10 d 左右的成熟阶段，就可以进行搔菌处理。因搔菌后还需要 10 d 左右的菌丝恢复时间。一般可用小勺进行搔菌，将料面刮下 1 cm 左右，要保持料面平整。刮下的培养料还可以重新装袋出菇。每处理完一袋对小勺要进行一次消毒，防止交叉污染。消毒剂可用 3%～5%的来苏儿或 75%的酒精。搔菌后要进行保湿处理，可以码成单垛后覆盖塑料膜，或将塑料袋口重新扎上，但不要扎得太紧，避免通风不良。经 10 d 左右，料面又长出一层浓白菌丝，这时可转入出菇管理。

☞ 428. 杏鲍菇出菇管理阶段应控制好哪些环境条件？

当菇蕾形成至玉米粒大小、呈淡灰色时即可进行出菇管理。出菇阶段应控制好温度、湿度、氧气、光照四个环境条件，称为出菇“四要素”。

(1)温度应保持在 8～20℃范围内，最好控制在 16～18℃，切忌超过 22℃，否则会造成幼菇蕾萎缩死亡。杏鲍菇的不同品种因其来源于不同的生态环境，其温度特性不同，故造成幼菇死亡的临界温度也有所不同。通常，温度较高子实体生长快，菇体小，开伞快，产品质量差。因此，在大棚利用自然条件栽培时，应于中午前后气温高、光照强烈时结合喷水、通风进行降温处理。早春或秋冬季节气温较低时(8℃以下)适当关闭门窗，晚上加厚覆盖物，以提高栽培大棚内的温度。有条件的可采用人工加温措施。

(2)湿度管理是子实体发生和生长阶段重要的措施之一。初期空气相对湿度要保持在 90%左右。当子实体菌盖直径长至 2～3 cm 时，湿度可控制在 85%左右，以减少病虫害的发生，延长菇体采摘后的货架期。当气温高、空气湿度低于80%以下时，应适当喷水增湿，但切忌重水和把水喷到菇体上，以免引起子实体黄化萎缩，严重时感染病菌而腐烂死亡，降低产量，影响质量。生产上常用细喷、常喷方法来保湿，也可于喷水前用地膜或报纸盖住子实体，待喷水结束后拿掉覆盖物，以减少喷水造成的不良影响。当一潮菇采收结束后菌袋失水较多，宜用注水法和浸水法给菌袋补水。若采用的是覆土栽培方式，则可减少补水的烦琐。

(3)通风良好是出菇阶段不可忽视的措施之一。每天通风2～3次，每次30 min，始终保持棚内空气新鲜。如果通风差还会引发病虫害。但也要防止强风直接吹到子实体，使菇蕾萎缩死亡。通风要与控制温度、湿度统一管理，做到既能通风良好，又能保持良好的温度、湿度环境。

(4)光照是影响杏鲍菇质量的重要条件。光照弱，易形成无头菇；光照强，则子实体柄短、盖大、易开伞，而且菌柄弯曲严重，降低商品品质。杏鲍菇菇蕾形成需要一定的散射光，在无光或光线过暗的环境中不分化，或虽分化但不形成正常的子实体。在子实体八分成熟即菌盖未展平前，子实体向光性不明显，而以后就会有明显的向光性。根据杏鲍菇的这一特性，在催蕾阶段要适当增加光照强度，保持在100～200 lx(相当于每平方米放置一只25～40 W的白炽灯)。菇蕾形成后就要逐步降低光照强度，至子实体八分成熟期，光照强度要降至50 lx以下。

☞429. 杏鲍菇出菇大小能人为控制吗?

杏鲍菇出菇大小、多少，与出菇面积有直接关系。一般出菇面积大，出的菇就多，菇体相对较小；如出菇面积小，出的菇也少，菇体相对较大。生产者可根据市场销售需求灵活掌握。

☞430．为什么有的杏鲍菇栽培袋菌丝未长满袋就开始出菇？

杏鲍菇与金针菇、猴头菇一样，如果温度适宜，菌丝虽未长满袋也会出菇，但出的菇瘦小，质量差。杏鲍菇栽培袋菌丝未长满就开始出菇，往往是由于培养温度在20℃以下，光照又较强造成的。遇有这种情况，应适当提高培养温度，没有加温条件的可采取码大垛发菌的办法提高温度。同时要遮阳，使栽培袋处于完全黑暗的条件下养菌，可有效地防止提前出菇。

☞431．为什么有的杏鲍菇栽培袋不从两头出菇而从中间出菇，怎样防止？

这与栽培袋装料偏松和栽菇条件不适宜有关。如果栽培袋装料偏松，在菌袋中间就会形成空气室，给出菇提供了氧气条件和出菇空间，再遇上室内空气湿度不够使菌袋两端料面偏干、空气温度偏低（而菌袋内温度往往要比环境温度高2～3℃）等不良条件，就会促使栽培袋中间形成菇蕾。

防止办法是：栽培袋装料不可过松；将栽培室温度控制在18～22℃；湿度控制在85%以上。或者采用覆土出菇措施。

☞432．杏鲍菇菌盖上为什么会长出一些不规则的瘤状物，怎样防止？

杏鲍菇子实体形成后，长久处于菇体发育所需温度的下限，造成菌盖表面出现瘤状或颗粒状突起物。严重时菌盖干缩，菇质硬化，停止生长。北方地区在12月份至翌年2月份常常发生，地栽方式又较码垛栽培多见。

防止办法是：加强冬天的保温措施，将出菇最低温度控制在10℃以上。一般进入3月份以后，随着气温的回升这种现象自然消失。

☞433．杏鲍菇菌柄上不分化菌盖是什么原因？

在栽培袋袋口形成一群不正常的菌柄，没有菌盖或很少有菌盖，多呈珊瑚状分杈。这种现象是氧气供应不足、光照强度不够造成的。要注意加强通风换气，给予适合的光照。在地下室和防空洞栽培要有通风设施和人工光源。

☞434．哪些场所适合杏鲍菇夏天出菇？

夏天是杏鲍菇的出菇淡季，其鲜菇价格比秋、冬、春季要高一倍以上。因此寻找适当场所在夏季出菇是生产者高明之举。北方地区建有很多半地下果窖，这些果窖空间大，通风良好，在夏季最高温度不超过25℃，如再喷水降温可控制在22℃以下，是夏季栽培杏鲍菇的良好场所。如果使用防空洞做出菇场所，可在距洞口200 m以内的范围摆放菌袋。太靠近洞里处，通风差，湿度大，易污染杂菌。

☞435．杏鲍菇能覆土栽培吗？

杏鲍菇能否进行覆土栽培过去常有争议。笔者认为覆土栽培只要方法得当，可以明显提高产量，平均生物学效率达90%以上。而未覆土栽培的生物学效率平均只有70%左右。

覆土栽培之所以能增产，是因为覆土的土壤具有营养作用、微生物作用、隔光作用、厌氧作用、低温作用、保湿作用，进一步增加了培养料的降解和转化，增强了菌丝抗杂菌能力，延缓了菌丝老化，因此菇质也有明显改善，转化率得到提高。同时管理方便，成本低，杂菌污染少，而且不会出现头潮菇出菇难的现象。

☞ 436. 杏鲍菇覆土栽培主要有几种方式？各有哪些优缺点？

目前国内采用覆土栽培杏鲍菇主要有三种方式：第一种是将塑料袋全部脱掉，卧放或立放于事先建造好的畦中，将菌袋的最上部覆土 2 cm 左右。第二种是将袋口一端的绳解开，把塑料袋挽回露出料面少许，立于畦中再埋土，埋土高度为菌袋高的 1/3 左右。第三种是墙式覆土栽培方式。据试验，第一种方式不适合北方地区。因为北方出菇季节大部分安排在冬、春季，此期地温偏低，特别是 12 月份至翌年 2 月份，地温基本上在 8℃以下，形成子实体的菌盖多有瘤状物，降低了商品价值。同时大棚利用率也低。第二种方式形成的子实体，虽然好于第一种方式，但大棚利用率与前者一样低。采用较多的是第三种方式，此方式可提高大棚利用率。但由于受栽培方向影响，菌柄容易弯曲。

☞ 437. 墙式覆土栽培法的技术特点是什么？

墙式覆土栽培法可建成单面菌墙和双面菌墙两种。一般靠大棚的北墙可建成单面菌墙式，在大棚的中间建成双面菌墙式。其技术特点如下。

(1)挑选生理成熟的菌袋，将袋口的一端打开挽回露出 1 cm 左右的料面，另一端袋口先不打开。如建单面菌墙式，打开袋口的一端朝向北墙，最底一层离墙距 40 cm 左右。先码一层菌袋，袋与袋之间不必留间隙，在袋与墙体之间添上土，并轻轻压紧。为防止土进入墙缝中，在北墙上可先挂上一层地膜。每码一层袋加一层土，并将菌袋向墙体方向靠拢2 cm左右，最终靠墙码成斜坡形，以防倒塌。一直可码至10～15层高，并在最上层用土建一水沟。如要建成双面菌墙式，最底层的两袋之间要相距40～50 cm，越往上码距离越近，最后码成梯形。一般码至4～5层，在最上面建一水槽。

（2）土壤选择与处理。杏鲍菇覆土材料不像双孢蘑菇那样严格，一般的菜园土、田土、河泥土等只要有团粒结构，透气性、持水性强，吸水后不板结，土质疏松、无污染和虫卵的潮湿沙性土壤均可使用。使用前对土壤消毒。可通过暴晒、汽蒸、火烧等措施进行消毒。暴晒就是将土壤在阳光下暴晒2 d以上，时间越长越好，利用太阳热能和紫外线杀死土壤中的病菌。汽蒸是将土壤装袋后放于蒸架上用薄膜盖严，通入蒸汽，和栽培袋灭菌一样操作。当土温达60～65℃，维持3～4 h，可杀灭土壤中的病菌。火烧即将土壤垛成一堆，堆底部留有灶门，放入煤炭用火引燃。此法在西北地区常用，但要注意防火。把土壤用上述方法消毒处理后，再拌入5%的石灰粉，可增加病虫害的防治效果。

（3）水分管理。覆土后要经常检查土壤干湿情况，并进行浇水、喷水管理。补水应少量多次，2 d内完成。再往后掌握两个原则：一是表土不发白，二是水分不流出。采一潮菇后应停水7 d，使菌丝得到恢复。然后浇大水，浇水量以不外溢不渗为度。

（4）开袋出菇。菌墙建好后可开袋出菇。如准备搔菌可同时进行。

☞438．同向单面菌墙怎样建造？

随着杏鲍菇栽培面积的扩大和单位面积产量的提高，国内外客户对杏鲍菇的质量提出了越来越高的要求，其中对菇柄的弯曲程度要求更严。这就要求生产者不能单纯追求产量，更主要的是提高质量。

杏鲍菇菌柄弯曲,主要是由其趋光性引起的。如果能使菇体都朝着一个方向,并人为控制光源方向,就可长出菌柄比较直的菇体。基于这种思路,采用一种同向单面菌墙栽培方式,可以取得较好的效果。

(1)墙体建造。顺大棚东西走向建顶部宽 20 cm、下底宽 60 cm、高 100 cm 的近似直角梯形的墙体 3～4 排,每排墙体间留 50 cm 人行道。大棚北墙也可作为一个墙体。建墙体的用土就地取材,下挖 50 cm 左右,就可建造高 100 cm 左右的墙体。

(2)覆土操作参看单面菌墙覆土方式。

(3)光源控制。在大棚南侧 100 cm 高处横挂一块宽 100 cm 能活动的黑色塑料膜,作为光源的遮帘。其余部位用黑色塑料膜遮严,棚内光线强弱全靠掀动遮帘控制。这样控制的光源基本上垂直于出菇面,所以生长的菇体菌柄自然较直。

☞ 439. 杏鲍菇、白灵菇覆土栽培怎样避免烧垛?

覆土栽培可明显提高产量和质量。但如覆土方法不当会发生烧垛现象,轻则减产,重则烧伤菌丝,污染杂菌,甚至绝收。其原因是菌袋覆土后菌丝新陈代谢加强,特别是未出过菇的菌袋会产生大量的热能。如这些热量散发不出去,会使温度越积越高,最后导致菌丝受热而死。

避免烧垛的措施是:①采取单面菌墙出菇方式。因其紧靠的墙体能吸收掉菌袋释放出的全部热量,不会出现菌垛内温度过热现象。②采用双面菌墙出菇方式时,一要拉大双面菌袋间的距离,不能少于 40 cm;二要减低垛袋高度,一般不能超过 5 层;三是待菌袋出完一潮菇后再覆土,这时菌丝活力减弱,再覆土一般不会出现烧垛现象。

☞440．杏鲍菇栽培袋采菇后如何进行管理？

杏鲍菇采收后应将出菇面清理干净，降低空气相对湿度在80%以下，适当提高棚内温度，使菌袋休养生息。采用单面菌墙出菇的菌袋，也可掉头出菇，重新垒垛。将已出过菇的一端朝里埋进土里，原来在土里的那端朝外作为出菇面。这样管理后再长出的菇个大、产量高。杏鲍菇栽培袋一般出2～3潮菇，但其产量主要集中在前两潮上。

☞441．杏鲍菇采收标准是什么？

杏鲍菇采收标准应根据市场需求而定。出口杏鲍菇要求菇体长5～10 cm，菌盖直径4～6 cm。国内市场要求不严，一般要求菌盖平整、孢子尚未弹射为采收适期。

杏鲍菇子实体菌盖边缘由内卷渐趋平展、6分熟时即可及时采收。

☞442．杏鲍菇工厂化栽培的流程是什么？

有袋栽和瓶栽2种，其工艺流程基本相似，瓶栽的机械化程度更高一些。袋栽流程如下。

配料与拌料：依据杏鲍菇工厂化栽培的高产配方配料，培养料使用机械二级搅拌方式。一级搅拌30 min，搅拌后输送进入到二级搅拌20 min，同时加入水，使得培养料充分混和均匀。

装袋：使用自动装袋机械。

灭菌：使用高压自动灭菌锅灭菌，设置灭菌程序，121℃灭菌90 min。

冷却:灭菌过后的栽培筐从灭菌锅另外一端的门进入冷却室冷却,高温季节需要开启空调制冷,并打开紫外灯照射。

接种:待袋内料温降到25℃以下使用自动接种机接种,接种量3%(体积/体积)。

培养:在适宜的环境下发菌,培养25 d菌丝走透满袋,移入出菇车间。

搔菌:搔去袋口表面老化的菌丝,搔菌深度1～1.5 cm。

育菇:第一阶段为菌丝恢复培养,第二阶段为催蕾,第三阶段为育菇。

采菇:按照市场和订单要求采收,单菇重100～300 g。

包装:使用自动包装机包装,包装后立即放入4℃冷库贮藏。

☞ 443. 杏鲍菇工厂化栽培的主要技术指标有哪些?

工厂化栽培杏鲍菇菌丝培养分两个阶段,前20 d控制温度在18℃左右,后15 d控制在23℃左右,湿度为60%～80%,CO_2浓度在3 000 mg/kg以下,黑暗培养。

催蕾期间温度14～15℃,湿度60%～90%,原基形成时,湿度偏低一些,以减少原基数量,CO_2浓度在2 000 mg/kg以下,白天光线在50～200 lx。瓶倒立催蕾或表面覆盖无纺布,催蕾时间7～10 d。

育菇温度16～18℃,湿度75%～90%,CO_2浓度对菌柄、菌盖的影响很大,应控制在3 000 mg/kg以下,光照50～500 lx。

☞ 444. 杏鲍菇、白灵菇保鲜出口如何加工处理?

(1)采摘。采菇人要戴乳胶手套,一手捏住菇柄,一手用不锈钢刀在菌柄的最下方将菇切下，轻轻放在筐内，并码放整齐，以防碰破菌盖。

(2)分级。根据出口要求分级，同时剔除菌盖破裂、有斑点、变色、畸形等不合格的等外菇。然后按大小规格分别装入专用筐内。

(3)入库保鲜。经分选后，将符合出口标准的菇及时送往冷库保鲜。冷库温度控制在 0～4℃。待确定起运前 8～10 h，进行修柄包装。如果先行修剪，则菇柄基部易变色，影响质量。

(4)包装起运。鲜菇保鲜包装箱采用塑料泡沫制成的专用保鲜箱。内衬透明无毒薄膜、外用瓦楞纸加工成的纸箱，每箱装 5～10 kg。还有一种是小盒包装，每盒 100 g，专用透明保鲜膜包裹后装箱，箱口用胶带纸封严密。包装工序需在保鲜冷库内进行，确保温度不变。鲜菇包装后要及时起运。如加工地离机场太远，需用冷藏车运输。

☞ 445. 杏鲍菇、白灵菇如何切片烘干?

杏鲍菇和白灵菇干品风味很好，口感脆、韧、鲜。因菌盖菌柄肉质厚，整朵烘烤时间长，产品形状、质量均差，因此常切片烘干。切片厚度按出口市场要求而定，一般切成 0.6 cm 左右。切片用的刀必须是不锈钢刀。将切片均匀摆放到烤筛中送进烘干房内烘干。烘干房起始温度以 35℃为宜，以后每 4 h 升高 5℃，至 60℃不再升温。当菇片七八成干时，再将温度降至 35℃左右，直至烘干。烘烤过程中用鼓风机向烤房送风排潮，并注意翻动菇片，以利于干燥均匀。烘好后的杏鲍菇、白灵菇干片，含水量应在 11％～13％。含水量若低于 10％易破碎；超过 13％时易变软发霉。干制好的菇片应及时装入塑料食品袋中密封贮存。

☞446．杏鲍菇、白灵菇如何腌制？

采摘的鲜菇削去蒂、柄并清除杂质后，按大小分级并分别煮制。在煮制前，先配制好10%浓度的盐水，为保持菇色，可在盐水中加0.5%的明矾，或在水中加入0.1%的柠檬酸，烧沸后煮制均能起到很好的护色作用。由于菇体内含有很多含硫氨基酸，在煮制时很容易与铁结合形成黑色的硫化铁，因此在煮制时切忌使用铁锅，应用铝锅、搪瓷锅或不锈钢锅。煮制时先将盐水放在锅内用旺火煮沸，再放杏鲍菇、白灵菇。一次煮的量不宜过多，一般每100 kg盐水放入40 kg菇为宜。因菇体大小不同，所煮时间也不同。一般煮15～25 min，以菇体没生心为度。鉴定菇是否煮熟煮透的方法是：将菇捞出投入冷水中，菇下沉者为已煮透，浮在水面上的为未透。煮制好后要及时放在清水中使其迅速冷却并彻底冷透，否则腌制过程中会变黑发臭。

另外，在100 kg清水中加37 kg食盐和500 g明矾，煮沸后滤去盐水中的杂质，冷凉备用。其盐水浓度应为20～22°Be。将煮制冷却后的菇体在沥去清水后倒入备好的盐水中腌制，5～7 d后倒缸并检查盐水浓度，如发现浓度低于20°Be，应立即加盐补充保持在20～22°Be。隔6～7 d后再倒缸1次。每次倒缸后，将盐水煮沸冷凉后再用。

腌制过程中，注意检查所腌菇的质量，盐分不足，则易发生腐败。若发现菇色黄而发亮，则是酸败的前兆，应及时采取补救措施，加足盐量或返工处理。

☞447．腌制好的杏鲍菇、白灵菇如何包装？

将腌制好的杏鲍菇、白灵菇捞出，沥干水分，至不滴水时称重包装。所用容器为内衬食品塑料袋的塑料桶，一般每桶装 50 kg。装好后向桶中再加入 20～22°Be 的盐水，使盐水淹没菇体，并在表层覆一个纱布盐袋，然后密封贮存或调销。

灰树花栽培技术

☞ 448. 灰树花具有什么样的营养保健价值？

灰树花形似珊瑚，肉质脆嫩、营养丰富、风味独特，是一种珍贵食药用菌。日本近年发现灰树花具有抗艾滋病的功效，灰树花多糖对 HIV 病毒有抑制作用。灰树花已用于治疗胃癌、食道癌、乳腺癌、前列腺癌。灰树花抑制肿瘤的作用是由于其所含的多糖激活了细胞免疫系统中的巨噬细胞和 T 细胞而产生的，这种抑癌多糖主要是 β-D-葡聚糖，在灰树花中占 8%左右。防治糖尿病：灰树花中的铬能协助胰岛素维持正常的糖耐量，对肝硬化、小便不利、糖尿病均有效果。此外，由于灰树花富含矿物质和多种维生素，可以预防贫血、坏血症，防止软骨病、脑血栓等。

☞ 449. 灰树花适合什么样的生活条件？

营养：灰树花人工栽培时，对营养（碳源、氮源、矿质元素和维生素）方面要求同香菇、滑菇等。温度：灰树花是一种中温型、好氧、喜光的木腐菌，树花菌丝体生长温度范围 5～37℃，最适温度为 21～27℃，原基分化温度 10～16℃，子实体发育温度为 13～28℃，菌丝耐高温能力较强，在 32℃时也可缓慢生长。最适为 15～20℃，但因菌株不同有所差异。

水分和湿度：在木屑培养基上最适含水量为 50%～55%，菌丝体生长阶段含水量为 60%～65%。湿度管理与其他食用菌基本相同。光：生产灰树花从培养菌丝的初期就应有光照，子实体形成阶段只需 50 lx 的光照度即可，子实体生长阶段需 200～250 lx 光照度，光照过弱，易形成畸形菇。空气：灰树花对氧气的需求量高于其他食用菌，如果通气不好，子实体则会发育不良。酸碱度：灰树花菌丝在 pH 3.4～7.5 时可生长，最适 pH 为 6.5 左右。

☞ 450. 灰树花适宜的栽培时间是何时？

灰树花属中温型菌类，根据其菌丝生长、原基形成及子实体生长的适温，一般北方地区在 1～3 月份制袋接种培养，4～6 月份进行出菇管理。秋季栽培一般安排 9 月份制袋，11 月份出菇。

☞ 451. 灰树花如何进行选料？

灰树花属木质腐生菌，一般采用山毛榉、栗树、橡树等阔叶树杂木屑为培养料。颗粒大小为 0.5～2 mm，颗粒过细容易出现畸形子实体；颗粒过粗又容易使产量下降，适量（30%以下）添加一些针叶木屑效果更好。短树枝灭菌后栽培效果也很好。南方地区也可用蔗渣、稻草等为主料进行栽培。营养添加物主要有麸皮、玉米粉，玉米粉较佳，用 30%麸皮添加 70%玉米粉效果也很好。营养添加量一般占总干料重的 20%～30%，过量添加营养容易出现畸形菇。

☞ 452. 灰树花如何进行配料？

灰树花菌袋制作流程：拌料→装袋→灭菌→接种→培菌。培养基配方：①杂木屑 73%、麸皮 10%、玉米粉 15%、糖 0.8%、石膏 1.1%、过磷酸钙 0.1%、含水量 64%、pH 6.5。②杂木屑 38%、棉子壳 30%、麸皮 7%、玉米粉 15%、糖 1%、石膏 1%、含水量 64%、pH6.5。③杂木屑 30%、棉子壳 30%、麸皮 7%、玉米粉 13%、糖 1%、石膏 1%、细土 18%、含水量 64%、pH 6.5。

☞ 453. 灰树花如何进行拌料?

按配方称足原料,干料先混合均匀,糖溶于水后掺入料中拌匀,含水量以手握料指缝中有 1～2 滴水滴出即可。用指示剂测 pH,过酸加石灰,过碱加过磷酸钙调节 pH 至 6.5。

☞ 454. 灰树花如何进行装袋?

采用 17 cm×33 cm×0.004 cm 或 15 cm×30 cm×0.004 cm 的聚丙烯袋装料。装料时要求上紧下松,外紧内松,整个料筒不可过紧。袋口用喇叭口环或绳绑好。

☞ 455. 灰树花如何进行灭菌?

装袋后马上灭菌,灭菌时使温度尽快升到 100℃,常压灭菌 100℃,维持 8～10 h,高压灭菌 121℃,保持 1.5～2 h。灭菌结束后,需待温度下降至 40℃以下方可打开灭菌箱,搬出菌袋,放在干净的室内冷却。

☞ 456. 灰树花如何进行接种?

袋内料温下降至 25℃时即可进行接种,在无菌条件下操作,有套环的菌袋,中间打个孔把菌种放在孔中;没有套环的菌袋,把菌种搅碎,放在料面,以菌种盖满料面为宜,需菌种量 15～20 g。

☞457．灰树花发菌期适宜的生长条件是什么？

(1)温度：初期(接种后至菌丝生长1/4)25～28℃，中期(菌丝生长1/4至走透)23～25℃，后期(菌线走透后)22℃。

(2)湿度：初期60%，中期65%，后期70%。

(3)通气：前期不需要换气，后期需要换气，注意控制二氧化碳浓度。

(4)光照度：初期、中期以暗培养为好，如果在这期间常光照射，袋面会变成浅褐色，原基形成迟缓，甚至不能形成原基，前期光照度10～50 lx，后期光照度50～100 lx。

☞458．灰树花如何进行发菌期管理？

接种后移至培养室进行暗培养，室温28℃，排放时袋与袋之间隔3～4 cm，以保证通气良好，并有利散热。接种后15 d左右，菌丝生长加快，呼吸量增加，料温会升高2～3℃，培养室温度要下降3℃，使室温为25℃。菌丝基本走透后，将室温降至22℃左右，避免菌丝生长过盛，而后劲不足。湿度前期保持60%，成品率高、污染少，后期湿度70%，有利于原基的形成。培养后期，给予一定的光照(50 lx左右)，在培养料表面即会有菌丝束形成，呈馒头状隆起，隆起部分产生皱褶，并由灰白色渐变为深褐色，有水滴凝成，这时宜将菌袋移入出菇室，若过早搬入出菇室会造成原基表面细菌污染而腐烂；如果皱褶部分的水滴消失，再移入出菇室则过迟，会对菇的品质造成不良影响。为促使原基尽量一致形成，在培养后期进行变温处理，即降温2～3℃。培养料表面菌丝如结成膜状而没有呈馒头状隆起，原因可能是培养初期光照过度或灭菌时培养料变硬。

☞459. 灰树花如何进行出菇期管理?

移出菇室经2～3 d后,菌袋表面形成原基后及时转入出菇管理。应先剪去袋口部分,并在周围割几道口子(底部可割成“十”字口),排入棚内预先挖好的地沟中。若完全将袋打开,表层的原基可能会分化为多个子实体,造成子实体细小,品质下降。菌袋上覆1～1.5 cm厚的粒状湿土。用于覆土的土质含有机质要少,以壤土为宜,含水量20%～22%,一定要呈粒状,否则会因透气性差影响原基的分化与生长。覆土在使用前应用甲醛和敌敌畏杀菌、杀虫。每天要通风3次,但应避免强风直接吹到菇体上。避免高温、高湿,温度以20℃左右为宜,空气湿度应控制在85%左右。光照度控制在200～300 lx。喷水要勤、细、匀,防止覆土及菇表干燥。当菇片充分分化后,光照度可增至300～500 lx,使菌盖表面变为灰黑色,以提高商品质量。原基分化和子实体生长阶段应严格控制温、湿、光、气四个环境因子,否则易出现畸形菇,造成减产。

☞460. 灰树花如何进行采收?

当叶片充分分化,呈不规则的半圆形,以半重叠形式向上和四周伸展生长形似花朵,叶片边缘已无灰白色的生长环,并稍内卷时采摘。由于灰树花一般制成干品,所以采前要求停止喷水,采后立即用小刀切除根部泥沙,并清除菇体上其他杂物。

☞461. 灰树花与农作物套栽有什么好处?

农作物间隙栽培灰树花,形成立体种植不仅可以克服盛夏高温对灰树花造成的热害,而且二者互利,能创造更佳的生长环境,经济效益极高。当高温时节来临，正是灰树花出菇旺季，代谢强，需氧量大，放出的二氧化碳可供作物光合作用，作物光合作用放出的氧气供给灰树花，两者互补。作物叶片遮阳降温、提供散射光及清新的潮湿空气，为灰树花生长创造最佳生态环境。同时由于渗透作用，菌丝体从作物追肥中获取氮、磷、钾等矿质元素。下年倒茬时，原畦床的菌废料遗留土壤里可增加有机肥力和土壤的透气性，为提高作物产量创造了条件。

☞ 462. 灰树花与农作物如何套栽?

首先选中高温型灰树花菌种，以葡萄和玉米等遮阳农作物为好。时间上要灰树花与农作物二者兼顾。生产安排要以春节前菌丝发满菌袋为准则。目的在于栽培前，利于菌丝体分解培养料，积蓄充足的养分，栽培后串菇早。

4 月初至 5 月上旬作畦床，畦床东、西走向，畦槽要短而窄。长 50 cm、宽 10 cm、深 20～23 cm。畦床间距 1 m，做好畦床后及时做好菌棒覆土、灌水、覆膜、做棚架、盖草帘等工作。在形成原基前 5～6 d 可浇一次催菇水，此时作物叶片遮阳给菌片以散射光，昼夜温差刺激，灰树花原基便可形成。7～8 d 即可采摘。注意采前避免浇大水，否则菇根发黄，影响质量。

茶树菇栽培技术

☞ 463. 茶树菇的营养价值如何?

茶树菇味道鲜美，脆嫩可口，清香而无异味，菇体含有 18 种氨基酸和多种矿物元素，中医学认为茶树菇性平甘温有祛湿、利尿、健脾胃等功效，是美味珍稀食用菌之一，是目前宴席和酒家最受青睐的菌类菜肴。

☞464．茶树菇对环境条件有什么要求？

温度：茶树菇生长在温带至亚热带地区，因此该菌较抗高温也能耐低温。其菌丝在5～35℃下均能正常生长，最适温度范围为18～28℃。茶树菇属恒温结实性菌类，出菇不需要温差刺激，其子实体形成温度为13～28℃，最适宜为18～24℃，20℃时出菇速度快。

水分：茶树菇栽培料含水量可控制在65％左右，生长较快，若培养料偏干或偏湿则不利于菌丝生长。子实体形成时，要求空气相对湿度较高，生长过程则要求较低，因此在菇期先保持空气相对湿度100％，待出菇后降至85％则有利于子实体的生长发育。

空气：茶树菇属好氧性真菌，因此栽培袋的培养环境必须通风良好。但在出菇和子实体生长阶段要求有稍高的二氧化碳浓度，有利于出菇和菌柄伸长，从而提高产量，因此子实体发育时应适当减少通风，这种现象类同于金针菇栽培。

营养：栽培料中增加有机氮（如麸皮、米糠玉米粉、饼肥等）的比例有利于提高产量。最适碳、氮比为60∶1。

光线：茶树菇菌丝生长过程通常不需要光照，出菇时栽培室要求有较强的散射光有利于原基形成和子实体生长。

酸碱度（pH）：茶树菇性喜在酸性环境中生长，pH在4～6.6菌丝均能正常生长，最适pH为5.5～6。

☞465．怎样选择优良的茶树菇栽培菌种？

目前茶树菇菌株很多，近几年推广的茶树菇菌株有三明真菌研究所选育的茶树菇-1、茶树菇-3、茶树菇-5等菌株。一级种菌丝长势有力，气生菌丝较少，在综合 PDA 培养基上，黑暗 25℃恒温下，培养 2 周左右长满斜面，并易在试管中形成子实体。

☞466. 如何培养茶树菇的菌种？

母种（一级种）：采用加富 PDA 培养基（马铃薯 200 g、葡萄糖 15 g、蔗糖 5 g、硫酸镁 0.5 g、磷酸二氢钾 0.5 g 、维生素B_1 0.1 g、水1 000 mL）或加麸皮 PDA 培养基（马铃薯 200 g、蔗糖 20 g、麸皮 10 g、水 1 000 mL），以上两种配方均用琼脂 20 g。一般后一配方菌丝更粗壮。以上配方制作的母种在 26℃左右恒温下培养 7 d 左右即可。

原种（二级种）和栽培种（三级种）：采用木屑培养基（木屑 78%、麸皮 20%、蔗糖 1%、石膏粉或碳酸钙 1%、普钙、硫酸镁、磷酸二氢钾少量），置 25℃左右恒温下培养 30 d 左右即可。

茶树菇菌种要求菌丝粗壮、浓白，培养后期母种斜面有时出现红褐色斑纹或原种、栽培种料面出现与金针菇一样长出小子实体为正常现象，但若出现菌丝稀疏弱细，吃料不彻底，有杂色斑点或出现黄水等不宜使用。

☞467. 如何安排茶树菇的栽培季节？

茶树菇较抗高温，也能耐低温，因此在南方大部分地区均可周年栽培，但不同季节栽培，其产量和质量都不同，所以栽培茶树菇要获得高产高效，必须选择好栽培适期。据各地栽培试验后，我国大部分地区以春栽或秋栽适宜，尤其是春栽产量较高。生产上一般安排春季温度升到 20℃，秋季温度降至 25℃出菇为适。各地可根据当地的气候条件选择栽培适期，如闽东地区栽培适期春栽为 1～2 月份制袋，4～5 月份出菇或 9～10 月份制袋，11～12 月份出菇。

☞468. 如何制作茶树菇栽培菌袋?

选择合适的培养料与配方:根据当地原料情况,选择配方,其参考配方有:①棉子壳 77.5%,麸皮或米糠 20%,石膏粉 1%,蔗糖 1%,普钙 0.5%。②草粉 38%,木屑或棉子壳 38%,麸皮或米糠 19.5%,石膏粉 1%,蔗糖 1%,普钙 0.5%,茶子饼 2%。

根据生产所需的数量及比例进行配合,并加水拌料,料、水比为 1∶1.2 左右为宜。原料要新鲜,无霉变,无虫害。拌料要均匀一致,特别是棉子壳不能有干粒,否则灭菌不彻底。选用规格 (15～17) cm×35 cm×0.05 cm 低压聚乙烯塑料袋,每袋料干重 350 g 左右,湿重 720～750 g,装料松紧适度,高度 14～15 cm,两头扎紧,进行常压灭菌(4 h 内将温度加到 100℃,保持 12～14 h)。

菌袋接种:经灭菌后的袋料,待料温降至 30℃以下方可接种。接种箱或接种室应消毒完全,接种量为每瓶接 30～40 袋,接种后要避光培养。茶树菇菌丝恢复吃料慢,且易发生杂菌虫害,因此接种后注意培养室清洁、干燥和通风换气,防止高低温的影响。经常检查,发现杂菌污染的菌袋,及时搬出处理。一般接种后 30～40 d 菌丝即可长满菌袋。

☞469. 茶树菇如何进行出菇管理?

在正常情况下,茶树菇接种后 50 d 左右即可出菇。出菇前要进行催蕾管理,催蕾时菌袋可直立排放,也可墙式堆叠排放。然后将棉花塞拔掉或解去扎口线,并拉直袋口排袋催蕾,直立排放每平方米排放 80 袋左右。让菌丝由营养生长转入生殖生长。料面颜色也随之转化,初时有黄水,继而变褐色,出现小菇蕾。这期间,要加大空气相对湿度并保持在95%～98%，早晚应喷水保湿。光线强度控制在500～1000 lx，温度控制在18～24℃，这样开袋后10～15 d子实体大量发生。出菇后，必须适当低空间湿度和减少通风，此时栽培空间相对湿度降到90%～95%，并减少通风次数和时间，以防氧气过多易导致早开伞，菌柄短、肉薄。如果菇蕾太密，还可进行疏蕾，每袋6～8朵，朵数适中，长势整齐，朵形好，菇柄粗，否则影响菇的品质和产量。当茶树菇子实体菌盖开始平展，菌环未脱落时就要采收。因茶树菇菌柄较脆，容易折断，采收时应抓基部拔下，同时防止伤及幼菇。采收后菌袋料面需清理干净，袋口捏拢，让菌丝休养恢复2～3 d，然后拉开袋口，可淋一次重水，并重复上述管理，5～7 d后又可长一潮菇，共可采收4～6潮菇。

☞470. 如何进行茶树菇的病虫害防治？

茶树菇在菌袋制作和栽培管理过程中常见的杂菌污染有绿霉、红色链孢霉、根霉等，其防治措施与香菇栽培一样。茶树菇栽培中常见的虫害是菇蚊、菇蝇的幼虫为害。其幼虫体小，肉眼很难看到，在培养料内直接取食菌线体及培养料的养分，造成菌丝退化、菇蕾萎缩的现象，重者绝收。其防治措施有：搞好卫生，清除虫源。灯光诱杀。药剂防治：用5%锐劲特1 500倍液，直接向菌袋喷雾，幼虫为害严重的3 d后再喷一次。

大球盖菇栽培技术

☞471. 大球盖菇菌种制作如何选择培养基？

大球盖菇菌种制作周期较长，按常规食用菌制种方法，其母种生长期一般为15～25 d，原种生长2～3个月也不能满瓶。采用麸皮浸汁培养基(在 PDA 基础上加入 50 g 麸皮浸提液)母种长速、长势双优。

大球盖菇的原种制作,若采用常规方法,让菌种自上而下生长,3～4 个月也不能满瓶,到菌种满瓶使用时,中、上部菌丝已老化,甚至部分菌种已被其他杂菌入侵。因此,基于大球盖菇菌种生长缓慢的特点,装料量在专用菌种瓶肩部以下 1～2 cm 为宜,原材料以麦粒菌种为好,配方是麦粒 99%,石膏 1%,麦粒预泡 24 h,按常规拌料装瓶,灭菌,冷却备用。当菌种萌发、生长后及时通过摇动,使菌种呈多点分布,菌丝从各分散的种点迅速长满培养基质,以缩短菌龄,提高菌种活力。

☞472. 大球盖菇的生长条件是什么?

大球盖菇为草腐菌,生长要求条件如下:①营养。主要利用长稻草、麦草等原料进行生料栽培。在用纯稻草栽培时,出菇时菇潮来势猛,朵形挺拔高大,周期短,从出菇到收获结束仅 40 d 左右,每平方米可收鲜菇 15～30 kg。此外,亦可利用多种农作物秸秆、农副产品下脚料、畜禽粪肥、锯木屑等作生产原料。②温度。菌丝生长适温范围 5～34℃,最适 23～27℃;子实体形成温度为 4～30℃,最适为 14～25℃,低于 4℃和高于 30℃子实体难以形成和生长。③水分。菌丝生长原料基质含水量要求达到 65%～75%;子实体生长发育期料的含水量以 70%～80%为宜,空气相对湿度应控制在 90%～95%;覆土层含水量为 30%左右。④空气。菌丝生长期对氧气要求不高,子实体生长发育期需要充足的氧气。⑤光照。菌丝生长阶段不需要光照,子实体生长期需要散射光,200～500 lx 光照有利于促进原基分化和形成。⑥pH。最适培养料 pH 为 5.5～6.5。

☞473. 如何安排大球盖菇的栽培时间?

大球盖菇菌丝生长温度5～34℃,最适24～27℃;子实体生长温度4～30℃,最适14～25℃。每年9月份至翌年4月份是栽培适宜季节,其中又以10月上中旬播种较适宜。在南方春季生产12月份至翌年1月份播种,2～4月份出菇。播种前3个月制母种、原种和栽培种。大球盖菇栽培1潮约3个月,种植户可根据市场鲜菇销售情况选择播种时间。

☞474. 大球盖菇的栽培料如何处理?

稻草、谷壳的配比和处理:①按每平方米用料:稻草15 kg,谷壳3 kg备料。稻草与谷壳要求新鲜、干燥、不发霉。暴晒1～2 d,以杀灭原料中鬼伞及其他杂菌。②辅料播种前使稻草浸水吸足水分。一般浸水时间2 d左右(视气温和稻草状况而定);谷壳以吸足水为宜。然后捞起,让其自然滴水12～24 h,含水量70%～75%,即可进房铺料。培养料进房前,用2%福尔马林+0.2%敌敌畏药液喷射菇房内壁和菇架,并密封门窗24 h。将处理好的稻草、谷壳、菌种等搬进菇房、菇架。分两层铺料,二次穴播菌种,即先铺一层稻草,一层谷壳、一次穴播菌种;又铺一层稻草,一层谷壳,一次穴播菌种,总用种量3瓶/m^2,最后再薄铺一层稻草、谷壳。播完种后,用木板轻压实培养料,使料与菌丝紧密接触,以利菌丝萌发生长。有条件的,可先垫铺一层4～5 cm厚腐殖土,再按上述方法铺料播种,可获得较高产量。

☞ 475. 大球盖菇发菌期如何管理?

播种后,用报纸覆盖料面,气温低时应覆膜保温。大球盖菇菌丝生长阶段较适宜的温度、湿度条件是气温 22～28℃、培养料含水量 70%～75%,空气相对湿度 85%～90%。发菌期的管理是调整温、湿度,使其保持在菌丝生长较适宜的范围内。这段时间一般不用喷水,若料太干可用喷雾器向报纸及菇房空间喷水,若料太湿可掀开报纸、薄膜以及加大通风量。当菌丝基本长透料时即可覆土。从播种至覆土约需 35 d。覆土宜选取肥沃而疏松的干塘泥,树林表层腐殖土为好。将土壤平铺在料面上,约 3 cm 厚。覆土后必须调湿覆土层,要求土壤的保水率为 36%～37%。

☞ 476. 大球盖菇出菇期如何管理?

大球盖菇初生菌丝活力较弱刚下种的头 7 d,应特别注意料温的变化,料温掌握在适温范围(20～26℃)内。

正常情况下,覆土后 15～20 d 就可出菇。子实体生长适宜温度 12～15℃,空气相对湿度 90%～95%。此阶段的管理,主要是调控水分、温度和通气量,喷水管理尤其重要。喷水要把握如下几点:①少量多次,水滴宜细。②菇多多喷、菇少少喷,覆土干多喷、覆土湿少喷。③要防止水量过多而渗入培养料内。喷水后要进行通风换气,待菇体表面没有水珠后,关闭门窗。

☞ 477. 大球盖菇如何采收?

菇蕾形成至采收需 5～10 d,视温度高低而变化。当菇体菌膜尚未破裂或刚破裂,菌盖呈钟形时采收为适期。菇体开伞后其品质、口感都较差。采菇时，用手指握住菌柄基部，轻轻扭转往上拔起，注意不要损伤周围小菇蕾。采菇后要及时清除残留菇脚和填补覆土，以利出下潮菇。

姬松茸栽培技术

☞ 478．姬松茸(巴西蘑菇)的食疗价值有哪些？

巴西蘑菇具有浓郁的杏仁香味，美味可口，含有丰富的蛋白质和多糖，干菇粗蛋白质和糖质含量是香菇的2倍以上，富含不饱和脂肪酸，发酵菌丝体含有18种氨基酸，富含促进儿童生长、发育和增加智力的精氨酸和赖氨酸；巴西蘑菇多糖——β-葡聚糖具有抗癌、抗凝血、降血脂、安神等作用，受到食用菌美食、保健、医学界的极大关注。对人体循环系统、消化系统、内分泌系统、脑神经代谢系统、呼吸器系统作用、生殖器系统、泌尿系统、皮肤系统的疾病有改善效果。总之，人们已经从姬松茸中发现多种抗病活性成分，具有很好的免疫调节和抗癌作用，并应用于临床试验。

☞ 479．姬松茸生长对环境因子的要求怎样？

姬松茸为粪草腐生菌，是双孢蘑菇的近缘种，所需营养与蘑菇相似，不同的是它除利用稻草、麦秸等外，它还能利用木屑、棉子壳等。菌丝在10～33℃均能生长；最适生长温度22～23℃，19℃以下菌丝生长慢；29℃菌丝生长最快，但较弱，老化快。姬松茸于16～26℃室温均能出菇，以18～21℃最适宜，25℃以上子实体生长快，但菇薄、轻。姬松茸菌丝培养基最适含水量为60%～70%。子实体形成阶段，空气相对湿度要求在85%～95%。姬松茸菌丝在pH 4.5～8.5都能生长，最适pH 6.5～7.5。出菇时需要大量的新鲜空气，菇房内空气中二氧化碳浓度应维持在 1 200 mg/L 以下。出菇不需要光线。

☞ 480. 姬松茸如何安排栽培季节？

北方地区气候干燥，冬季寒冷，宜采用温室和大小塑料棚进行室内床栽，栽培场地要避风、遮光、保湿、冬暖夏凉。一般安排在春末夏初至秋天栽培，播种后 30～35 d 出菇，出菇时菇房温度应控制在 20～28℃。南方地区受自然条件的制约甚少，更适合姬松茸生长，在温、湿度合适的地区和林区，可以在加阴棚、风障的条件下露地作畦栽培，一般安排在春、秋两季栽培。春栽，平原地区于 3～4 月份、山区于 4～5 月份播种，4 月中下旬至 6 月中旬出菇，越夏后 9～11 月份出菇；秋栽，于 8 月中旬播种，9 月份至翌年 5 月份出菇。

☞ 481. 姬松茸的栽培方式有哪些？

姬松茸的栽培方式主要有袋栽、箱栽和床栽。其中箱栽产量最高，平均生物学效率达 40%左右；其次是床栽，生物学效率为 30%左右；袋栽的产量最低，平均生物学效率仅 17%左右。床栽产量比箱栽低，但是成本低，方便省工，更适合国内栽培条件。因此，大面积栽培以床栽为主。利用双孢蘑菇工厂化栽培设施，可以实现姬松茸的周年栽培。

☞ 482. 如何选择姬松茸培养料配方？

姬松茸可用稻草、麦秆、甘蔗渣、木屑、棉子壳等原料进行栽培，也可任选一种或几种混合，辅以牛粪、马粪、禽粪或少量化肥。所用的原料一般要求新鲜并晒干。合适的配方有：①稻草 48%，甘蔗渣24%,牛粪粉24%,石膏1%,尿素0.5%,石灰粉1%,过磷酸钙0.5%,碳酸钙1%。②稻草67%,牛粪30%,石膏粉1%,尿素0.48%,石灰粉1%,过磷酸钙0.45%。③稻草70%,牛粪粉25%,石膏粉1%,石灰粉0.5%,尿素1%,过磷酸钙2.5%。④稻草25%,棉子壳50%,牛粪21%,过磷酸钙1%,石膏粉1%,石灰粉1.5%,尿素0.5%。

☞483. 如何进行姬松茸培养料的发酵?

姬松茸培养料的室外前发酵和二次发酵与双孢蘑菇相同,二次发酵常在菇房进行。栽培料发酵时把稻草等秸秆类或棉子壳浸透水,预湿后与米糠、木屑、畜禽类等辅料充分搅拌,堆成上宽80~90 cm的堆。约7 d,料温上升至70~75℃时进行第一次翻堆。以后再按5 d、4 d、4 d、3 d的间隔时间进行翻堆(共翻堆5次,发酵23~25 d)。完全发酵后培养料变成棕褐色,这时手拉纤维容易拉断。发酵后pH偏低时,可用过磷酸钙进行调节。

将发酵成熟的培养料均匀地、不松不紧地铺成菇床,厚度20 cm为宜。培养料上床后,进行"二次发酵",即将菇房的出入口、通风口关闭,把菇房的温度升高到55~60℃,保持2 d左右,然后,待料温降到25℃时再播种。

☞484. 如何进行姬松茸播种、发菌和覆土?

菌种的选择以粪草菌种较好,穴播点种,穴距20 cm,穴深10 cm,将菌种掰成鸡蛋大小的团播入穴中,上盖1 cm厚的培养料,播种量为每平方米2~3瓶(750 mL)。播种后用薄膜覆盖。播后6 d开始每天定时掀膜通风换气。发菌期菇房温度以20~25℃,空气相对湿度以85%~90%为宜。播种20 d左右,菌丝吃料 2/3 时，为覆土最佳时间，覆土厚度一般以 2.5～3 cm 为宜。

☞ 485. 如何进行姬松茸出菇期管理？

覆土后 40 d 左右，扒开土层见有少量粗壮菌丝时应向畦床喷水，不能让土层发白，含水量以手捏土粒成团、松手则散为宜，并盖塑料薄膜 2 d，保持相对湿度在 90%～95%。当土内出现许多白点且有菌丝连接，继而即发育成菇蕾，待菇蕾直径达 2～3 cm 时停止喷水，以防产生畸形菇，这是水分管理的关键。出菇期，每天早、晚各揭膜通风 1 次，每次 30 min。阴雨天也要加强通风。出菇期温度控制在 20～25℃最为适宜，头潮菇结束后要整理床面，停水让土层发白，待出现小蕾再喷重水。出菇期可持续 3～4 个月，一般可采 4～5 潮菇。

☞ 486. 怎样进行姬松茸的采收和加工？

在菌膜将要破裂时采收为适期，采收时手捏菇柄中部转一圈往上拉即可，尽量避免菇根带出泥土。采收后洞穴要及时填土。

采收的鲜菇目前一般是加工成干品。先用毛刷刷去根部污物，大小分开，根据客商要求，整朵或对半切开，置于烘干机筛架中脱水烘干。初始温度 45～50℃，烘 6 h 打开全部通风口。达半干状时，温度升至 55～65℃，烘 5 h 打开一半通风口，门也开一半，温度降至 50℃，烘 2 h 左右(烘干为止)，关闭全部通风口。干品菇味香，色淡黄，菌褶白色，用手捏菇盖与菇柄之间很硬，含水分在 11%以下。经分级后用双层塑料袋包装，密封置干燥的仓库贮藏和销售。

☞487. 姬松茸在春季接种栽培，菌丝生长异常的原因为何？

原因有以下几个：①由于菇棚内的温度、通风情况及湿度不当等原因造成的播种后菌丝不萌发、不吃料，菌丝只在料面生长及出现萎缩现象。②由于高温、高湿环境导致菌丝体徒长，绒毛状菌丝生长致密，形成菌被层。防止措施是当菌丝长出覆土层时，加强菇棚内通风，降低菇棚内温度和空气湿度，并及时喷结菇水，以利原基的形成。③覆土后喷水过多过急，水渗入料中，料中通气不良、缺氧，菌丝窒息，引起菌丝萎缩。遇到这种情况，立即停止喷水并加强菇棚通风。严重时还要从底部戳洞，迅速降低培养料的湿度，以利菌丝恢复爬土。④由于覆土材料本身湿度不足；酸性太强(pH低于5)；土粒含盐量高或被工业废水污染等，覆土后菌丝不上土。

☞488. 姬松茸菇体发育异常的原因为何？

(1)薄皮菇：子实体在生长过程中，因温度偏高长速快，加上出菇密度过大，营养供应不上，容易出现薄皮菇，防治方法是在喷水期间加强通风，适当增加培养料和土层的厚度，并勿使菇棚内温度过高。

(2)空心菇：在出菇期间，菇棚温度高，湿度过低，菇体水分蒸发快，迅速生长的子实体得不到水分补充，就会在菇柄产生白色疏松的髓部，甚至在菌柄中产生空心；有时也会因气温低，子实体生长缓慢，在床面因停留时间过长而形成空心菇。为防止出现空心菇，应在产菇盛期及时喷水，并适当进行间歇喷重水，以免土层过干，使快速生长的子实体得到充足水分，同时也要注意温度的调控。

(3)硬开伞:昼夜温差达10℃以上,加之菇棚内空气湿度小和通风过多时,易使正在生长的子实体开伞或出现龟裂。防治方法是保持菇棚温、湿度稳定。

(4)地雷菇:出菇初期,如子实体着生部位低,菇被迫破土而出,形成菇根长,菇形不圆正的地雷菇。原因是培养料过湿,料内混有泥土,出土调水后菇棚通风过多,温度偏低,覆土过迟,因而不利菌丝生长,造成过早结菇且结菇部位过低。

(5)畸形菇:出菇期间,当土粒过大,土质过硬时,从土层长出的第一批子实体,菌盖往往高低不平,形状不圆正,主要是机械损伤所造成。菇棚通风不足,室内二氧化碳浓度超过0.3%时,会出现柄长盖小的畸形菇。

☞489. 姬松茸(巴西蘑菇)在出菇期间死菇原因为何?

产生死菇的原因比较复杂,原因及对策如下:①培养料养分不足,氮源不足、铺设培养料偏薄、培养料堆制不符合要求。没有控制好料温,如料温升不到60℃,则发酵不彻底,如料温在70℃以上并持续高温,则使培养料中的养分大量消耗。②持续高温导致小菇蕾因缺乏营养和水分而枯萎死亡。③通气不良,导致二氧化碳浓度增高。④水分管理不当。⑤覆土过早、采收不当。使第三批菇及以后各批次菇容易造成营养不足而枯萎;采收及其他管理不慎,易致机械损伤造成死菇。⑥病虫为害和用药不当也会造成死菇。

九、药用菌栽培技术

灵芝的栽培技术

☞490．灵芝对环境条件有什么要求？

水分：人工代料塑料袋栽培灵芝，其培养料的适宜水分为60%～70%。菇体的生长要求空气的相对湿度为80%～90%。灵芝是一种木腐菌，主要的营养物质是碳水化合物和含氮化合物，同时也需要少量的微量元素；灵芝不同的生长阶段对温度的要求不同。菌丝生长的最适温度为20～28℃；灵芝是中高温结实性菌类，子实体在25～30℃生长发育较好。变温不利于子实体的分化和发育。足够的新鲜空气是保证灵芝正常生长发育的重要条件之一。空气不流通，氧气含量不足时，灵芝的子实体不易分化成菌盖，只长菌柄，并形成多分枝的鹿角芝，使子实体畸形。灵芝为喜光性真菌，子实体生长阶段需要光线，但菌丝体生长阶段不需要光线，灵芝生长的pH为4.5～5.5。

☞491．生产灵芝的原材料有哪些？

主料：①木屑。一般除松、杉、樟、苦楝等树种的木屑外，其他树种木屑均可作为灵芝生产的主要原料。②农作物秸秆。农作物秸秆种类很多，来源广泛。甘蔗渣、玉米芯、高粱秆、豆秆、棉秆、稻草等均可以粉碎作主料配合棉子壳、木屑等使用。辅料：①麦麸。

②米糠。③石膏、过磷酸钙等均为弱酸性物质，培养料中含量均为1%～1.5%。

☞492. 袋栽灵芝的生产流程是什么？

袋栽流程：配方拌料→装袋消毒灭菌→冷却接种→培养发菌→出芝管理→采收加工。

☞493. 如何安排袋栽灵芝的栽培季节？

在自然条件下生产灵芝，必须安排适宜的季节。一般来讲，一年可以生产2季，即5月份至7月上旬出灵芝和9月份至11月上旬出灵芝。当然，如果气温适宜，比如大山区较凉爽的遮阳棚埋土栽培，在夏天同样可以出灵芝。

☞494. 袋栽灵芝的配方有哪些？

不同配方培养料栽培灵芝的生物效率有很大差异，而不同培养料配方间的产品品质差异亦很大，合适的配方主要有以下几种。①杂木屑78%、麦麸20%、石膏1%、过磷酸钙1%。②棉子壳78%、麦麸20%、石膏1%、过磷酸钙1%。③甘蔗渣70%、米糠(麦麸)28%、石膏1%、过磷酸钙1%。④杂木屑65%、稻草18%、麦麸15%、石膏1%、过磷酸钙1%。⑤杂木屑40%、棉子壳40%、麦麸15%、玉米粉3%、石膏1%、过磷酸钙1%。配制时，每100 kg干料可加入0.1 kg磷酸二氢钾，原料充分拌匀，水分含量为60%～65%，pH自然。

☞495. 袋栽法栽培灵芝时,如何进行装袋和灭菌?

培养袋:多选用对折口径 15 cm,长 28 cm 的聚丙烯塑料袋作容器。装袋方法:装料一般占培养袋的 2/3 为宜;把培养袋装满,袋的四周压实,中间不必用力压、整平,把袋口折好(折成等腰三角形),填料松紧度要适宜,过松、过紧都影响灵芝的生长发育,导致总产量下降。灭菌:采用常规蒸汽常压灭菌,用消毒灶高温消毒,从出蒸汽起开始计时,灭菌 10 h,能彻底消灭杂菌。取出后放 12 h 后充分冷却,把培养袋整齐地放在接种室中的地上。

☞496. 袋栽法栽培灵芝时,如何进行接种?

首先认真鉴别菌种,适宜的菌种是菌丝已长满培养基,培养基表面出现"疙瘩状"突起前的菌种。接种的方法:把菌棒折好的袋打开,用木锥在培养基中央钻出一个深度为菌棒高度 2/3 以上的洞,用镊子从菌种袋中取出花生米大小的菌种块,放入洞中并放满(也可把菌种用镊子刮碎,倒进洞中),再用菌种在培养袋口平铺,把袋口用环盖套好。也可按照其他菇类熟料袋栽的无菌接种方式接种。两端扎口的长袋子则采用接香菇菌棒打孔接种方式进行,一般是并排均匀打 4 个孔接种。

☞497. 袋栽法栽培灵芝时,菌丝培养阶段如何进行栽培管理?

接种后的栽培袋搬入菌种培养室,室内温度保持在 26~28℃,空气相对湿度维持在 60%~70%,约经 1 周后,菌丝即可覆盖整个培养基表面并向下蔓延 1~2 cm,从而进入生长旺盛期。

25～30 d以后，菌丝长满栽培袋，仍需10～15 d的培养，使菌丝达到生理成熟。生理成熟的标志是培养基表面出现白色或黄色突起的疙瘩块，如室温超过30℃，加上室内通风不良，菌丝会出现徒长现象，甚至窜出两端出芝，从而消耗养分，室内光线过强时，还会使菌膜过厚，影响出芝。

☞ 498. 袋栽法栽培灵芝时，畦上如何建拱形塑料棚？

采用袋栽法栽培灵芝时，菌袋埋于土中，畦上要再建拱形塑料棚，以便灵芝生长时有一个稳定的环境条件。建棚用毛竹片或细钢筋弯成拱形，两端插于畦两侧，每隔60 cm距离插1根，拱形架高70 cm左右。架建好后再在架上盖塑料薄膜，将整个畦面盖住。袋栽灵芝时，菌袋可以直接种于塑料大棚或日光温室中。

☞ 499. 袋栽法栽培灵芝时，如何进行温度控制？

菌袋埋土后到出芝阶段，若棚温超过25℃时，要揭开拱形棚两端的塑料薄膜；若棚温超过28℃时，将拱形棚中部两侧用小竹竿撑起，在拱棚上覆盖草帘，遮去更多的阳光；温度低于22℃时，将拱形塑料棚密闭。白天光线弱时，将拱棚上的遮阳物拨开，增加阳光照射量。在温度18℃以下及35℃以上子实体原基不分化，菌柄原基形成后，在光线充足的一侧，出现一个小突起，并向水平扩展，此时要求有较高的空气相对湿度，温度超过30℃以上，注意观察芝盖外白色（生长圈）的色泽变化，而变成灰色，不能恢复生长；温度低于18℃时，应采取增温。

☞500. 袋栽法栽培灵芝时，如何进行水分调控？

覆土后应根据土壤含水量和灵芝大小适量喷水。除不长灵芝的季节(冬季)外，其余时间土壤都应保持湿润，达到用手一捏即扁，不裂开，不粘手，含水量为18%～20%(100 g湿土烘干后重量减轻18～20 g)。灵芝未开片时，喷雾的雾点要非常细小，且喷水量不可过多，每平方米一次喷水不超过0.5 L。子实体稍大时，喷水量可逐渐增加。子实体散发孢子时不喷水，以防止菌盖表面孢子的流失。

☞501. 袋栽法栽培灵芝时，如何进行气体调控？

出芝期间，应根据子实体生长、发育的要求适时揭开拱形棚塑料薄膜，以降低棚内空气中的二氧化碳含量，使灵芝生长良好。在正常情况下，菌蕾未出土时一般不需专门揭膜通气，在观察生长或喷水时开启覆盖膜，即可达到通气要求。菌蕾出土后到子实体开片(菌柄长5 cm左右)，拱形棚前、后两端的薄膜可卷起。菌蕾开片后，棚内通风量要增加，通风面也要增多。子实体完全开片后无雨时，拱形棚上的塑料薄膜可全都揭去，这样子实体才长得厚而坚实。通风还要根据气温变化而变化，气温低时通风量适当减少，气温高时通风量要增加。下雨时薄膜要覆盖好。通风是保证灵芝菌盖正常开展的关键，变温易产生厚薄不均的分化圈。

☞502. 袋栽法栽培灵芝时，如何进行采收？

灵芝从原基形成到采收共需25 d左右。子实体成熟的标准是菌盖边缘的色泽和中间的色泽相同。但子实体成熟后还应继续培养 7～10 d，使子实体更坚厚。采收的方法是：用剪刀齐灵芝柄基部剪下，然后再修整，菌柄保留 2 cm 长。室外栽培灵芝的采收、干燥，与室内栽培灵芝相同。一批灵芝采收后应将畦面重新整理，除去杂草，适当补撒土粒，使覆土层厚度和开始时相同，以利下一批灵芝正常生长。

☞ 503. 袋栽法栽培灵芝时，如何进行烘干？

灵芝采收后，要在 2～3 d 内烘干或晒干。否则，腹面菌孔会变成黑褐色，降低品质。晒干时，最好放在有架的草帘上，腹面向下，一个个摊开。若遇阴天不能晒干，则应用烘房（箱）烘干，烘温不超过 60℃。如灵芝含水量高，开始 2～4 h 内烘温不可超过 45℃，并要把箱门稍稍打开，使水分尽快散发。

☞ 504. 段木灵芝栽培如何准备段木？

应选青刚、栲木、楮木、橡树等木质较硬的阔叶树种，一般在冬至前后树木含养分丰富时伐木，采伐后堆放在阴凉处，严防暴晒开裂。新鲜原木（不去皮）按 30 cm 长截段，用刮刀刮掉截口周边的毛刺，防止装袋后刺破薄膜袋，避免杂菌感染。用电动机、钻轧头、麻花钻头组装一台 2 400～2 600 r/min 的木钻床，用于段木钻孔（孔径 18 mm，孔深 30 mm）。把钻孔后的段木装入折径 20～30 cm、厚 0.04～0.05 cm 的低压薄膜袋中，两头用绳子扎好。对于直径较大的段木，可劈开装袋捆扎。

☞505. 如何进行段木灭菌?

将装好段木的薄膜袋放入常压灭菌锅或高压灭菌锅,灭菌方法与其他菇类相同。注意袋棒上灶时,灶壁贴几条1.5 cm厚、4 cm宽的竹片,避免袋棒紧贴灶壁;袋棒行与行之间留1～2 cm的间距,切勿过于紧靠。灭菌后的袋棒从灶内取出,待降温至25～30℃后,移至大棚接种。

☞506. 段木灵芝栽培如何接种?

可以在塑料薄膜大棚内接种。先向棚内空间喷一次雾水,使尘埃下沉,再根据棚内容积用烟雾或臭氧灭菌二次。接种时,在袋棒洞孔位置上,用刀具割开(或用45 W电烙铁烫开)薄膜,将无杂菌感染的、菌丝健壮的生产种填压进洞孔,再用纸胶封口。

☞507. 如何进行段木灵芝的管理?

段木灵芝养菌的室温应控制在(25＋3)℃为宜,以利菌丝发育,但每天中午通风2 h。菌棒埋土出芝前应做好:芝场选择、施肥整地、预防虫害等工作,菌棒的白色菌丝长满全段,袋中出现红褐色的菌皮和液体,手拿菌棒重量减轻,手指压菌棒袋时有弹性,少数菌棒出现原基(菌芽)。劈开段木可见菌丝伸入木质部。在气温20℃左右的晴天,菌棒脱袋埋土:菌棒横放,洞口向上,每行4段,段间距8 cm。然后覆土。半个月后白色的菌芽就露出土面。此时严防芝田积水,遮阴过暗、温度过低(18℃以下)。在通风、温度、湿度、光照条件具备的薄膜大棚里,菌柄长到一定程度即开片分化，长出菌盖，逐步横向扩展。耐心疏芝（原则上每洞一朵）、撑芝、除草，以减少连体芝和草芝黏结现象，促使长出商业品位高的、大而厚的单朵灵芝。

☞ 508．灵芝产品采后如何进行包装和贮藏？

灵芝产品有3种类型：灵芝鲜品、灵芝干品和灵芝孢子粉。灵芝鲜品是刚从菌棒上采收的灵芝子实体，因含水量较高，约50%，易受杂菌污染，要及时进行保鲜处理。灵芝干品含水量低于12%，是灵芝鲜品进行了烘晒处理后含的灵芝产品。灵芝孢子粉灵要过200目或以上的筛，去除杂质，晒干或烘干后采用真空包装、密闭袋式或罐式包装。灵芝产品一般存放在干燥、阴凉的地方。

☞ 509．适合制作灵芝盆景的品种有哪些？

灵芝除了食用、药用功能外，也有很好的观赏价值。适合制作灵芝盆景的品种主要有赤芝、紫芝、无孢灵芝、鹿角灵芝等，它们造型本身就比较奇特的品种，利于后期进行造型。

☞ 510．如何生产高柄造型的灵芝？

通过控制温度可以生产出高柄造型的灵芝。灵芝是中高温菌子实体，开盖需要25℃以上的温度，栽培时先将形成子实体原基的栽培瓶袋放在低于20℃的温度下就会形成长柄、粗柄或不规则菌盖。之后通过温度变化，又可以在菌柄上形成菌盖，形成高柄造型灵芝。

☞ 511．如何生产双层菌盖造型的灵芝？

通过控制环境氧气含量可以生产双层菌盖造型的灵芝。将已形成菌盖尚未停止生长的灵芝置于通气不良的容器内，比如桶或缸中。由于空间氧气不足，菌盖下面容易出现增生层。同时从加厚的菌盖处还可以再次长出二次菌柄，持续给予不良通气，使柄继续生长，然后将其从缸、桶中取出来改善通气条件，就可以形成双层菌盖造型的子实体。

☞ 512．如何生产异形菌盖菌枝造型的灵芝？

通过控制环境二氧化碳含量或涂抹化学药剂可以生产异形菌盖造型的灵芝。灵芝在二氧化碳浓度超过1‰时不易形成菌盖，且菌柄不断分枝呈鹿角状。生产中将已长出原基的菌瓶、菌袋和段木集中到一个密闭性较好的小屋内，关闭门窗经过一段时间的生长便可以获得大量异形灵芝。或者用酒精涂抹正在生长的菌枝尖端，也会形成粗柄、偏生、结节等异形芝。涂抹酒精时不能涂在正在生长的灵芝菌盖和菌柄上，否则会影响灵芝的光泽而失去或降低观赏性。

☞ 513．如何生产扭曲造型的灵芝？

通过控制环境光照强度可以生产扭曲造型的灵芝。灵芝子实体生长有趋光性，通过控制光线的方向、光线的强弱、调节光质强度就可以影响菌盖大小和菌柄粗细，使造型多样化。如四面遮光则菌柄垂直生长，不断改变光的方向，灵芝就会扭曲生长。

猪苓栽培技术

☞514. 猪苓的营养价值和药用价值有哪些?

猪苓别名豕苓、野猪粪、地乌桃、粉猪苓等,是一种特殊的药用菌。猪苓含有蛋白质、氨基酸、碳水化合物和多种维生素,其地上部分的子实体“猪苓花”可食,是一种美味可口的佳肴。药用部分为地下菌核,含有麦甾角醇、α-羟基-二十四碳酸、生物素、猪苓聚糖等,具有很高的药用价值。据《神农本草经》记载:“猪苓主痃症,解毒蛊注”“久服轻身耐老”。中医常用于小便不利、水肿、淋浊、带下等症。现代医学提取“猪苓多糖”治疗肿瘤效果良好。

☞515. 猪苓对环境有哪些要求?

猪苓在我国大多数地区都有分布,常寄生于枫、桦、柞、槭、杨等乔、灌木的树根上。菌核生于地下。猪苓适宜在疏松、湿润、坡度在20°～50°的向阳坡上生长,猪苓对温度变化敏感,当气温在8℃以下、25℃以上时即停止生长,进入休眠状态,生长期最适温度为15～24℃。栽培猪苓应选择pH为5～6.7的微酸性或近中性沙壤土。猪苓不能直接寄生于树木上,必须依靠蜜环菌提供养料。猪苓对氮、磷、钾肥要求不高,种后一般不需施肥。从猪苓菌核表皮颜色可以判断其菌龄:一般3年以上的猪苓为黑褐色;2年的为灰色;当年新生苓为青白色。

☞516. 如何种植猪苓?

种植猪苓首先要培育菌材,即先培育蜜环菌的菌枝、菌棒。其次要选择具有弹性的灰苓和黑苓菌核，栽种后进行科学的管理，才能得到好的收获。

☞517．如何选择栽培猪苓的场地？

(1)土壤：选择湿润、通气和渗透性良好、微酸性、土壤含水量在30%～50%、疏松、腐殖质含量丰富的壤土或沙壤土。

(2)地势：以坡向西南或西北的二阳坡(即白天只有半天光照的坡)为最好，以避免夏日长期暴晒导致土壤温度过高，影响猪苓生长。坡度一般为20°～30°，坡度过陡以及山沟边、山道旁不宜栽种，以免被水冲走或遭到踩踏，也可以在山间平地种植。

(3)茬口：种过庄稼的熟地或撂荒地均不宜选用。

☞518．如何确定猪苓的栽培时间？

猪苓除冬季土壤冻结后不能栽种外，其他季节均可栽种，但以3～5月份最为适宜，此期头年新生长的白苓都变成灰苓，正适合作种，黑苓经过冬季后水分减少，而气温又逐渐升高，有利于加工干燥。结合春季采收猪苓，挑出硬质的黑苓加工出售，挑出灰苓和有弹性的黑苓用于继续做种。在北京地区山区猪苓5～9月份都可以种植，在可以得到猪苓菌核菌种的情况下应尽早种植。

☞519．如何培育菌材？

蜜环菌是供猪苓生长的营养来源，在栽培猪苓前要先培育蜜环菌的菌枝、菌棒和菌种。培植蜜环菌是栽培猪苓的重要一环。

(1)菌枝培养。于3～8月份选直径为1～2 cm的枝条，截成6～10 cm长的小段，在0.25%硝酸铵溶液中浸泡约10 min，备用。挖一个长、宽、深分别为60 cm×60 cm×30 cm的坑，坑底铺一薄层树叶，将浸泡好的树枝段在坑内平铺2层，上面摆放带有蜜环菌的菌枝，之后再盖一层薄土，然后再摆放2层树枝段，如此反复摆放6～7层，最后覆土5～6 cm厚，以树叶覆盖，培育40 d。优良菌枝标准：一是无杂菌感染；二是菌枝表面应附着蜜环菌索，剥去树皮应有蜜环菌菌丝生长；三是菌枝两头长出有白色顶尖，以有毛刷状细嫩菌索的菌枝质量为最佳。

（2）菌棒培养。将选好的直径6～12 cm阔叶树枝干锯成40～60 cm长的木段，在木段上，每隔10～15 cm砍一深至木质部的小口，将蜜环菌种接种于小口处。将接种后的木段按菌枝培养方法，每层平铺100～200根木段，两层木段之间加入蜜环菌枝，用土填充空隙，共摆放4～5层，最上层覆土10 cm厚。20℃左右的温度下培养2～3个月。

☞ *520*. 猪苓的栽种方法有哪些?

目前有2种常用的方法。

(1)蜜环菌材＋蜜环菌种＋树棒＋猪苓种。挖坑长100 cm、宽60 cm、深20 cm，可称为一窝。坑下填树叶3～5 cm，然后下层放菌材4根，直径4～8 cm树棒4根（树棒上砍一些鱼鳞口以便快速感染蜜环菌），每隔一根菌材放一根树棒，间隔5～8 cm，菌材两侧均匀放入猪苓种，然后空隙处放入树枝，撒蜜环菌种2瓶，盖土10～15 cm。表面再铺上一层2～3 cm湿树叶。腐殖质厚的地方可以播种两层，较为瘠薄的林地播种一层即可。每窝用苓种0.5 kg、用菌材4根、树棒4根，树枝3 kg、树叶3 kg、蜜环菌种2瓶。

(2)蜜环菌种＋树棒＋猪苓种。挖坑深10～25 cm；高山800 m浅坑，低山深坑，宽70 cm，长100 cm，坑底挖松整平，填上3～4 cm

树叶，林间及耕地可根据地形开挖长栽培坑，以8根菌棒坑长1 m为一窝，照此类推计算窝数。每窝平摆8根树棒，树棒与树棒之间间隔5～8 cm空隙，空隙处回填半沟腐殖土或沙土。在每根树棒两侧均匀放入猪苓菌核种，每根树棒放猪苓种5～6个。每窝用种0.5 kg。空隙处均匀摆放树枝约3 kg，树枝不能重叠。将蜜环菌菌种均匀放入猪苓种和树枝两边，放4瓶。将腐殖土或沙土把树枝填实，盖严树棒，厚度1～3 cm，然后再均匀撒上树叶和树枝。用土覆盖10～15 cm，坑面盖成平顶，便于保水保墒，高山浅盖，低山厚盖。每窝用种0.5 kg、树棒8根、树枝3 kg、树叶3 kg、蜜环菌种4瓶。

☞ 521．如何进行猪苓的田间管理？

由于猪苓整个生长期均在土中，外界环境对其影响不大，只要保持地表干燥不板结、不积水，始终处于自然状态就可以了。刚下种后的窖坑不宜脚踏畜踩，菌棒也不宜扒土翻动。到了夏秋季节要进行一次检查，从窖坑中小心取出上中层1～2根新菌材，看蜜环菌是否生长健旺。如干旱就要洒水保湿，若渍水要及时开沟排除，保持土壤湿润。如窖内有蚂蚁、蛴虫等，需用药剂毒杀。

☞ 522．提高菌材质量的措施有哪些？

培养优质菌材的措施是综合性的，必须全面贯彻到培菌工作的每个环节中去，才能获得预期效果。

(1)木材要新鲜。根据蜜环菌的兼性寄生特性，以边备材、边培菌最好。新鲜木材可减少杂菌污染。

(2)培菌时期要适当。首先要考虑适宜的自然条件，再者要考虑与使用菌材环节相衔接，做到前一过程的培菌刚好能使用时，就进入下一使用过程。

(3)菌种要纯正优质，数量要充足。菌材能否培育得好，与施用菌种的质量好坏及用种量多少有密切关系。菌种质量好且施用量适当，就会为培育出好菌材奠定良好的基础。

☞523．如何检查与鉴别菌材的质量？

菌材在培养过程中，由于培菌时期的早迟、菌种质量、数量以及温度、湿度的变化、透气性等因素的影响，所培菌材质量差异较大，甚至有的不能用而报废。栽种猪苓时，必须选用质量好的菌材伴栽，不符合质量要求的坚决不用。检查分为外观检查和皮层检查。

(1)外观检查：菌材上无杂菌或杂菌很少，容易去除；菌索棕红色，具生长点，生长旺盛；从破口处有较多的幼嫩菌索长出；菌材皮层无腐朽变黑现象，这样的菌材才符合质量要求。

(2)皮层检查：有的菌材外表菌索很旺盛，但多数是老化的甚至部分是死亡的，皮层已近于腐朽，这样的菌材不好，也不能用。有的菌材外表虽见不到菌索或菌索很少，但不能认为是不好的，要经过皮下检查后才能确定。皮层检查方法为：用小刀或弯刀在菌材上有代表性的部位砍一小块树皮，掀起树皮检查皮下，如有乳白色、棕红色菌丝块或菌丝束，证明已接上了菌，只是还未长出菌索。但还应多检查几处，要都能接上菌，破口处皮层也接上了菌的菌材才符合质量要求。通过检查，无菌或接菌面过小，破口处也未接上菌的就不能用。若无更好的菌材又等着用，也可以将这些菌材用于伴栽猪苓，但是需多加一些质量较好的菌枝以辅助蜜环菌的生长。

☞524. 菌材伴栽的方法如何掌握?

选择距离树林较近的林地,挖一直径为 60 cm、深 50 cm 的栽培坑,疏松坑底,平整后铺上一层腐殖土,然后将事先培养好的、长有蜜环菌菌索的菌材,按材间距离 6～10 cm 均匀摆好,把苓种一个一个地放在菌材的鱼鳞口上和菌材两端及菌索紧密处,稍压紧,使苓种的断面与蜜环菌结合紧密,以便两者很快地建立营养共生关系。一根菌材通常下种 5～8 个种苓,下种后即填腐殖土(也可先盖上一些锯屑,再盖腐殖土),轻轻压紧,不留空隙,然后覆上细土 10～15 cm,上盖枯枝落叶,稍高于地面,呈龟背形,以利排水。

☞525. 什么是半野生栽培?

在一些适宜栽培猪苓的山区,普遍采用半野生栽培方法,该方法具有技术简单,操作方便,投资少,收益大,且省工省时等特点,推广潜力很大。

(1)栽培环境:半野生栽培猪苓,主要是把猪苓放在自然林中,依靠天然条件,让其生长。因此,选择适宜猪苓生长场地,对提高猪苓产量有着极其重要的作用。采用半野生栽培法,应选取土层较厚、腐殖质较多的灌木丛林的阔叶林或混交林,这种林地土壤中有密集交错的粗细树根,并有取之不尽的大量落叶可以成为蜜环菌所需营养的来源,而且土壤中自然分布的蜜环菌及其他分解落叶的微生物也较多,对猪苓生长极为有利。地势上宜选择海拔 1 000～1 500 m,地势平坦,坡度小于 15°的缓坡地和沟洼地种植,但易积水的地方不宜栽培猪苓。另外,由于半野生栽培主要靠自然雨水浇灌,保持稳定的土壤湿度是提高猪苓产量的关键,为防止土壤水分大量蒸发，应选择有一定林木遮阴条件，并能透过一部分阳光的林地。

（2）栽培方法：选好栽培林地后，在灌木树丛中，扒开腐枝枯叶，挖一个长 30 cm、深 10 cm 左右的小坑，找到直径 4～5 cm 的树根，刨破或用尖刀划破其根皮后，在坑底铺一层半腐的潮湿树叶和树枝，将 1 根长约 30 cm 已培养好的菌材，紧贴其放置，并将菌材上密生蜜环菌索的鱼鳞口朝向树根，再根据猪苓菌核大小，将大块菌核由离层或菌核的细腰处分开，分成 50～80 g 的小块，把小菌块放在菌材的鱼鳞口上，使种苓的断面与蜜环菌紧密结合，然后在上面覆土填平穴面，轻轻压实，穴顶盖上一层较厚的枯枝落叶，任其自然生长。

☞ 526．如何进行猪苓的采收与加工？

猪苓有多年生习性，栽培后 1～2 年产量不高，要到 3～4 年才是繁殖旺盛期。一般 3 年后菌核发育成熟，即可挖掘采收。人工栽培的猪苓单穴产量一般可达 3～5 kg，高者可达 8～10 kg，生长期在 5 年以上的可达 20 kg 以上。色黑质硬的称为老核，即为商品猪苓；色泽鲜嫩的灰褐色或黄色猪苓，核体较松软，可作种核。采挖时间最好选择在春季 4～5 月份或秋季 9～10 月份为宜。采收时用锄头将培养坑掘开，取出表层猪苓，然后小心移动菌材，取出其他猪苓。收获时要去老留幼，将已采收的猪苓菌核去杂刷洗，置阳光下自然晾晒。不能用水洗。也可趁鲜时切片晒干，然后用塑膜袋密封包装，放阴凉干燥处贮存或装运外销。苓块大，表面黑色，质地坚实，肉质白色的为标准甲级，苓块小，表皮灰色，苓体烂碎，皱缩不实，肉质褐色的为乙级。

☞527. 如何正确区别杂菌和蜜环菌？

杂菌抑制蜜环菌生长，使其失去养分供应能力，从而导致猪苓生长缓慢，甚至停止生长、干腐。不能正确区别杂菌就难以对其防治，其鉴别特征见表2。

表2 蜜环菌与杂菌的区别

项目	蜜环菌	杂菌
菌丝	白粉色	白色或其他颜色
菌丝在菌材上的形态和分布	菌丝大多数分布于树皮内，粉白色，菌丝用手捻着滑润感，在菌材表皮外看不到，只有扒在菌材上菌索的断面处，温、湿度适宜时才长出菌丝	菌材表面明显看到一束束、一片片的白色的菌丝，有的能布满整段菌材
菌索在菌材上的形态及分布	菌材表面不规则网状，外形似树根，呈圆形	有的杂菌在菌材表面呈扇形分布，菌索扁圆
发光情况	发光	不发光
生活习性	兼性寄生	多系腐生

☞528. 防治杂菌的方法有哪些？

（1）严格按要求选择适合猪苓生长的沙土或沙壤土，以及排水良好的地块种植，以保证栽培坑内良好通气环境。

（2）栽培猪苓所用菌材、菌种必须严格挑选，坚决不能使用被杂菌感染过的以及蜜环菌已经失去活力的菌材。

（3）利用菌材伴栽猪苓时，菌材间隙一定要选择透气性和保湿性良好的覆盖物填实，严禁使用黏性很强的黏土。

(4)栽培过程中要注意排水和保湿，尽量避免暴晒，培养坑内的温度应始终控制在30℃以下，土壤湿度稳定在80%左右。

☞529. 防治白蚁的方法有哪些？

(1)栽种前，在猪苓栽培坑附近挖几个深30 cm左右的诱集坑，坑内放置新鲜松材，上盖松针，用石板盖好，发现白蚁，可用灭蚁灵粉剂喷杀。

(2)在栽培窖底撒施辛硫磷粉或其他药剂，并覆盖2 cm厚的土，再下料种植。

(3)在蚁路上喷施灭蚁灵或发现蚁巢后，挖掘一个小孔，对准小孔施以灭蚁灵粉，并按原样封闭，施药孔越小效果越好，一旦少数个体带药会因其互相吮舐使大量个体中毒死亡。

☞530. 如何进行猪苓的筐式栽培？

猪苓筐式栽培法是近年来新兴的一种适合农户小规模室内、室外栽培的方法，简便易行。筐的规格以栽培后人能搬动为宜，筐的内部用塑料布围上，用以防止漏水漏土，种植的方式与林地种植方法一样。筐码放高度以4～5层为宜，中间留出过道以便于浇水和观察，湿度以不干为准，含水量为60%

基本操作程序同菌材栽培法，只是用段木替代菌材，并在段木上适当“砍鱼鳞口”，以使蜜环菌能尽早地对段木形成侵染，早日长出菌索并与苓种结合。如果有培育好的菌材，最好使用部分菌材种植。

☞531．猪苓筐式栽培对土壤有何要求？

进行猪苓筐式栽培时使用的土壤应混合沙土，按土沙7∶3比例混匀后使用；腐殖土可直接使用；腐殖土资源缺乏地区，可使用菜园土或蔬菜大棚土与河沙按6∶4比例混合使用。注意覆土材料应使用药物处理后再使用。土壤中添加干净的10%～20%的木屑，有利于蜜环菌生长。

☞532．猪苓筐式栽培有哪些特别注意事项？

猪苓筐式栽培注意要点：①蜜环菌种繁殖（继代培养）代数要少，菌龄应适当，老化、退化的菌种菌材一律淘汰。②菌种播入时应塞进段木的砍口，尽量结合紧蜜。③段木砍口只破坏其皮层即可，不必深入木质部，砍口应斜向进行，使皮层外翘，以便塞入菌种。④作为筐式栽培用的段木和菌材长度以20～25 cm为宜，便于摆放。⑤筐栽猪苓因其面积小，菌材数量有限，一般3年左右采收，播种量为150～200 g、大小为40 cm×50 cm的框子，2年后产量可以达到2～3斤鲜猪苓。繁殖系数约为1∶10。

☞533．如何进行猪苓的采后管理？

由于猪苓为多年生真菌，可采老留新。对采用菌材伴栽的，可将猪苓采收后，在坑内增加新菌材，继续栽种灰苓；对采用半野生栽培的，可留少量与蜜环菌连接紧密的菌核在土中，盖一层树叶后再覆一层浅土即可，随后按常规管理方法进行管理，3年后即可采收第二批猪苓。

茯苓栽培技术

☞534. 茯苓的药用价值如何?

茯苓的药用部分为干燥菌核体。性味甘、淡平。有渗湿、健脾、宁心等功能。用于痰饮、水肿、小便不利、泄泻、心悸、眩晕。茯苓皮,利水消肿,用于水湿浮肿等症。

☞535. 茯苓生长发育有何特点?

茯苓多寄生于马尾松或其段木上,其生长发育可分为两个阶段:菌丝(白色丝状物)阶段和菌核阶段。菌丝生长阶段,主要是菌丝从木材表面吸收水分和营养,同时分泌酶来分解和转化木材中的有机质(纤维素),使菌丝蔓延在木材中旺盛生长。第二阶段是菌丝至中后期聚结成团,逐渐形成菌核(亦称结苓)。结苓大小与菌种的优劣、营养条件和温度、湿度等环境因子有密切关系。不同品种的菌种,结苓的时间长短也不同,有的品种栽后3～4个月开始结苓,有些则较慢,需6～7个月。早熟种栽后9～10个月即可收获,晚熟的品种则需12～14个月。

☞536. 茯苓生长发育对环境条件的要求如何?

茯苓喜温暖、干燥、向阳,忌北风吹刮,以海拔在700 m左右的松林中分布最广。温度以10～35℃为宜。菌丝在15～30℃均能生长,但以20～28℃较适宜。当温度降到5℃或升到25℃以上,菌丝生长受到抑制,但尚能忍受－5～－1℃的短期低温不至于冻死。土壤以排水良好、疏松通气、沙多泥少的夹沙土(含沙60%～

70%)为好,土层以 50～80 cm 深厚、上松下实、含水量 25%、pH5～6 的微酸性土壤最适宜菌丝生长。切忌碱性土壤。

☞ 537. 栽培茯苓如何备料?

茯苓生长的营养主要靠菌丝在松树的根和树干中蔓延生长,并分解和吸收其中养分和水分,所以选用松树作为茯苓的生活原料。目前生产上主要采用段木栽培和树蔸栽培两种方法。

(1)段木备料:每年 10～12 月份松树砍伐后,立即修去树杈及削皮留筋,具体要留几条筋,要看树的大小而定,削皮要露出木质部,顺木将树皮相间纵削(不削不铲的一条称为筋),各宽 4～6 cm,削皮留筋后全株放在山上干燥。经半个月以后,将木料锯成长约 80 cm 的小段,然后就地在向阳处摊叠成“井”字形,待敲之发出清脆响声,两端无松脂分泌时即可供用。

(2)树蔸备料:即利用伐木后留下的树蔸作材料。在秋、冬季节伐松树时,选择直径 12 cm 以上的树桩,将周围地面杂草和灌木砍掉,深挖 40～50 cm,让树桩和根部暴露在土外,然后在树桩上部分别铲皮 4～6 条,留下 4～6 条 3～6 cm 宽未铲皮的筋(也叫引线)。树桩下的粗大树根也可用来栽茯苓,每条树根铲皮 3 向,留 3 条引线。根留 1～1.5 cm 长,过长即截断不要,使树蔸得到充分暴晒至干透。干后可用草将树蔸盖好,防止降雨淋湿。

☞ 538. 如何用松针进行茯苓栽培?

为了节约松木用量,也可以用松针和短松枝条作辅料来栽培茯苓。用长 66～83 cm,直径 3～9 cm 的小木段接种,小木段削皮,每窖放小木段 2 条,放松针 25～30 kg。挖长 1 m、宽 66 cm、深 33 cm 的栽培穴,穴底先铺鲜松针 15～20 kg,上盖 1 层薄土,踩实。接种时，将半鲜半干的 2 条段木削去两边的皮，连同接种木捆成小把，放在第 1 层松针表面的中间，菌种接在 2 个段木上端的削口处，上盖木片，再压 1 层松针，最后覆 10～16 cm 厚的土。接种 7～10 d 即可发菌，3～6 个月可结苓，8～12 个月采收第 1 批茯苓；13～15 个月还可采收第 2 批。

☞ 539. 如何选苓场？

宜选排水良好的向阳缓坡地，地势以 20°～30°的缓坡利于排水。土质深厚、疏松的沙质壤上（含沙量 60%～70%）为好。黏土、透气性差的土壤不宜采用。最好选生荒土或放荒 3 年以上的庄稼地；栽过茯苓的地块即应放荒 5～10 年方可再种。

☞ 540. 栽培茯苓怎样挖窖？

挖窖时间一般在 12 月下旬至 1 月底进行。先清除场地的草根、杂木蔸、石块等杂物，然后依备料段木的大小与长短挖窖。窖形为长方形（长度视段水长短而定），深挖 20～30 cm，宽 30～50 cm，窖地按坡度倾斜，清除窖内杂物。挖出的土也要保持清洁。场地沿山坡两侧开沟以利排水，如坡度较陡，可在被顶筑坝拦水。

☞ 541. 栽培茯苓怎样下窖与接种？

下窖接种时间在春分至清明前后进行。下窖应选连续晴天土壤微润时，把干透心的段木按大小搭配下窖，一般每窖 2 至多段。细料应垫起与大料一样高，两节段木留皮处应紧靠，使铲（削）皮成“V”形，以便于接种。以重量计，每窖 2 节段木在 15 kg 左右，最少不宜少于 10 kg。

接种时在两段木的上半部分用利刀削成长 15 cm×10 cm 的新口，然后用消毒过的钳或镊子将瓶内的菌种（长有菌丝的松木块）取出，平摆在两段木间的新口处，并加盖松木片或松叶，上面可再放一条段木（若两段总重 20 kg 以上，则不放第 3 段段木），覆土 10～15 cm，整个窖面成龟背形。每窖需菌种 1/3～1/2 瓶。

利用树蔸栽培的，则于根蔸上削 2～3 个新口，然后将菌种分别接种在新口处，盖上松片或松叶，覆土高出树蔸 15～18 cm，每树蔸一般用菌种 0.5～1 瓶。

☞ 542. 栽培茯苓使用什么样的菌种好？

栽培茯苓所用的苗种，历来沿用菌核组织，通称“肉引”；将其压碎成糊状作种用称为“浆引”；把“肉引”接种于段木，待菌丝充分生长后挖起，锯成小段作种的称“木引”。用“肉引”和“浆引”栽种一窖要耗费茯苓 0.2～0.5 kg，用种量大，不经济；“木引”操作繁琐，菌种质量难以稳定，稳产高产也难以保证。近年来采用纯菌种接引，既可获得高产，又可节约大量商品茯苓，是当前广泛应用的最好方法。菌种是用小松木块（长×宽×厚＝1.2 cm× 0.2 cm×1.0 cm）加适量的培养基质，装瓶消毒，接上茯苓原种培养后瓶内长满旺盛的乳白色菌丝。

☞ 543. 栽培茯苓如何搞好苓场管理？

①查窖补引：段木接种 7～10 d，应长出白色的茯苓菌丝，检查时若发现段木上不长菌或污染杂菌即应进行补缺。方法是将窖的盖土扒开，露出段木，取去一段，以菌丝生长旺盛的窖中取出一段补上，然后将土覆回；或是将不上菌窖内的段木全部取出，晒去水

分，再将段木重新削口，放回原窖用菌种接种。②培土：茯苓形成菌核（结苓）后，苓体不断增大（头年 9～10 月份和翌年 3～5 月份，因茯苓生长快，苓场常会出现龟裂）或因大雨冲刷表土层而露出土面，使茯苓停止生长。故要勤检查，发现窖土裂开或苓体露出要及时用细土培上，同时还应注意拔除杂草和防止人畜进入地内踏踩。

☞ 544．如何进行茯苓的采收与加工？

茯苓一般在接种后 8～10 个月内成熟，成熟茯苓的一个特征是外皮带黄褐色，另一个特点是长菌核的段木变疏松呈棕褐色，一捏就碎，表示养料已尽，应立即采收。通常是小段木先成熟，大段木后成熟。宜成熟一批收获一批，不宜拖延。一般每窖 15～20 kg 段木采收鲜茯苓 2.5～15 kg，高产可达 25～40 kg。

将采收的茯苓堆放室内避风处，用稻草或麻袋盖严使之发汗，析出水分，再摊开晾干后反复堆盖，至表皮皱缩呈褐色时用刀剥下外表黑皮（即茯苓皮）后，选晴天依次切成块片（长×宽×厚＝4 cm×4 cm×0.5 cm），将切出的白块、赤块分别摊竹席或竹筛上晒干。也可直接剥净鲜茯苓外皮后置蒸笼隔水蒸干透心，取出用利刀按上述规格切成方块，置阳光下晒至足干。一般折干率为 50%左右。成品以足干、去净外皮、成正方形块、厚薄均匀、白色者为优质。

猴头菇高产栽培技术

☞ 545．猴头菇生长需要什么样的环境条件？

猴头菇是一种中低温性菌类，菌丝的适宜生长温度为 22～28℃，最适宜 25℃左右，超过 35℃或低于 6℃，生长基本停止，子实体最适宜18～22℃，若低于4℃或高于25℃子实体完全停止生长。猴头菇菌丝生长需要的培养基物含水量为55%～65%，子实体生长需要的空气相对湿度65%～90%，低于75%子实体表面干萎、发黄、生长缓慢或停止生长。猴头菌丝生长阶段一般不需要光线，子实体必须有光才能形成，但只要微亮的光或散射光照就能满足它的生长。子实体生长要求空气流通。猴头生长适宜的酸碱度为pH 4.5～6.5。

☞ 546. 栽培猴头菇的原料配方有哪些？

猴头菇有两种栽培方法，一种是采用瓶子栽培，另一种是采用塑料袋栽培。

瓶栽原料配方有：①木屑78%，麦麸20%，蔗糖1%，碳酸钙1%。②甘蔗渣79%，米糠20%，石膏1%。③玉米芯70%，麦麸25%，石膏2%，过磷酸钙3%。

袋栽原料配方有：①棉子壳95%，过磷酸钙2%，石膏2%。②锯木78%，麦麸20%，白糖1%，石膏1%。③玉米芯75%，麦麸23%，石膏2%。④稻草粉50%，麦草粉50%。⑤农作物秆混合粉98%，石膏2%。

以上几种配方含水量以55%～65%为宜，各地可以根据具体情况选择不同的配方。

☞ 547. 如何进行猴头菇的瓶栽？

(1)装瓶灭菌：拌匀后的培养料装入瓶中，要求不松不紧，洗去瓶壁内外沾染的培养基，塞上棉塞，进行高温灭菌或常压灭菌。

(2)接种培养：灭菌后瓶子放入接种箱，用福尔马林和高锰酸钾混合气体消毒，0.5 h后可接种，接种时将猴头原种瓶打开，用铁铲挖指头大一块，放入培养基上，塞上棉塞，每瓶原种可接100～120瓶，接完后放在22～28℃条件下恒温培养，在培养过程中，随时观察杂菌污染，若发现异常现象，及时淘汰。

(3)经15 d左右的培养，菌丝已生长整个培养基的1/2时，表面就会逐渐形成子实体，子实体长到棉塞的时候，应及时拔掉棉塞，进行子实体阶段培养。保持18～22℃，空气相对湿度90%～95%，10 d左右即可采收。采法是用锋利的小刀在瓶底下部将子实体切下，留下根部以利再生。子实体采收后，如不立即食用，则应剖开，晒干或泡于浓盐中送往罐头厂加工，总之，尽早杀死猴头，防止熟后消耗。

☞ 548. 自然条件下何时栽培猴头菇最好？

猴头菇菌丝的适宜生长温度为(25±2)℃，子实体的适宜生长温度为12～18℃，高于20℃子实体生长不良，低于10℃时子实体生长缓慢。从投料到结束需100 d左右，其中菌丝体培养需25 d左右。自然条件下在当年9月下旬至次年4月上旬为佳。

☞ 549. 袋栽猴头菇怎样配料和装袋？

培养料配制要考虑四个方面：最佳配方、配制方法、合理水分，适宜pH。培养料应根据当地资源因地制宜地采用。塑料袋厚度一般3～6丝，直径22 cm为宜，剪成45 cm长的袋子，将拌好的料装入袋中，要求不松不紧，装好后袋子两头套上硬质塑料项圈(项圈直径4～5 cm，高1.5～2 cm为宜)，再将塑料薄膜翻出来，用牛皮纸封口，外用橡皮筋将牛皮纸紧缠在项圈上，即进行高温灭菌。

☞550. 如何进行猴头菇的养菌管理？

袋栽的墙式叠放，堆高8～10袋，菌墙间要留有70 cm左右宽的走道。①培养室内外要做好消毒、杀虫、清洁卫生工作。②培养室的温度控制在22～25℃菌丝活力强，不会提早形成子实体。温度高于28℃，菌丝长好后容易退化，温度低于20℃，菌丝未长满就会形成子实体。③用草帘、遮阳网遮光，使发菌室基本黑暗(50～60 lx光照度)。④勤捡杂菌，以减少重复感染。

☞551. 如何进行猴头菇的出菇管理？

(1)揭盖或开袋：猴头菇子实体形成、生长需要有一个长菇的口子和良好的空气。在菌丝长满后，开始上架时，揭盖或去掉塑料袋口子两头的牛皮纸，加强空气流通和温、湿度的管理。

(2)环境控制：猴头菇生长要求较低的温度，较高的空气湿度，较好的散射光，空气中二氧化碳含量不要超过0.1%。出菇期间可抓住温度这一关键来灵活管理，10～25℃都可形成原基，最佳温度为12～18℃。①在气温正常时，采用地面洒水，空间喷雾，保持菇房空气湿度90%，保证有100 lx散射光，诱导原基形成。子实体生长阶段，要保持空间湿度为85%～90%，保持菇房空气新鲜，无闷气感，门窗每天开启4～8 h，同时门窗要挂草帘，防止被风直吹。②在气温偏高时，气温高于25℃时，就不能形成子实体。因此要打开门窗，掀掉天花板，门窗外挂的草帘也要撑开，加大通风，降低湿度，避免高温高湿。③在气温偏低时，温度低，子实体的分化、生长慢。低于6℃时，子实体完全停止生长，从而使子实体表面冻僵，成为光秃型猴头菇。因此要增加保温措施，在空中加一层薄膜，加厚窗帘，甚至可以加温。

☞552．出菇期如何进行猴头菇菌棒的层架立体排放？

当菌丝满袋，接种穴内出现原基时，可将菌棒转入出菇棚。一般采用层架立体栽培的形式，将菌棒放在菇棚层架上，菌棒横放，猴头向下出菇，每袋之间距离 3～5 cm，层架高 1.8 m，分 5 层，每层间隔 40 cm，层架宽 90 cm，层架长度可根据菇房大小设计，层架之间留宽 80 cm 的操作道。

☞553．猴头菇层架立体栽培出菇期如何进行环境调控？

子实体形成期每天喷水 3 次，当菇蕾形成后可适当减少喷水次数，当菇体菌刺长度达 0.3 cm 以上时，1 d 喷 1 次或不喷，进入采摘期时停止喷水。光线控制一般要求均匀且达到 200～400 lx 光照度。光线在 50 lx 以下，会影响子实体的形成与生长，延迟转潮；光照超过 1 000 lx，子实体往往发红，生长缓慢，菌刺形成快，子实体小，菇体品质变劣。出菇期间可抓住温度这一关键来灵活管理，10～25℃都可形成原基，最佳是 12～18℃。

☞554．温度条件不同时如何对猴头菇进行灵活的出菇管理？

(1)在气温正常时：采用地面洒水，空间喷雾，保持菇房空气湿度 90%，保证有 100 lx 散射光，诱导原基形成。子实体生长阶段，要保持空间湿度 85%～90%，保持菇房空气新鲜，无闷气感，门窗每天开启 4～8 h，同时门窗要挂草帘，防止被风直吹。

(2)在气温偏高时：气温高于 25℃时，就不能形成子实体。因此要打开门窗，掀掉天花板，门窗外挂的草帘也要撑开，加大通风，降低湿度，避免高温高湿。

(3)在气温偏低时:温度低,子实体的分化、生长慢。低于6℃时,子实体完全停止生长,从而使子实体表面冻僵,成为光秃型猴头菇。因此要增加保温措施,在空中加一层薄膜,加厚窗帘,甚至可以加温。

☞555. 如何进行猴头菇的采收及采收后的管理?

猴头菇在子实体七八成成熟就应该采收。采收标准是子实体球体基本长足、坚实,菌刺长度在0.5～1 cm,未弹射孢子前及时采摘。采收方法是用割刀从子实体基部切下。采摘时要轻拿轻放,采收后2 h内应送厂加工,以防发热变质。采收后应将留于基部的残留物去掉,然后停水养菌偏干管理3～5 d,7～10 d原基又开始形成,此时又可进行出菇管理。一般能采4～5次。

蛹虫草栽培技术

☞556. 蛹虫草的营养价值和药用价值如何?

蛹虫草又名北冬虫夏草,是虫草属的模式种,也是与冬虫夏草极为相似的一个种。是一种名贵珍药用菌。人工栽培的蛹虫草蛋白质含量高达40.7%,比天然冬虫夏草高15.3%,蛋白质由19种氨基酸组成,氨基酸总量与天然冬虫夏草基本一致,比香菇高30%,而且必需氨基酸种类齐全,数量充足,比例适当,占氨基酸总量的35.47%。人工栽培的蛹虫草含有21种微量元素,其中硒、铁、锌、锰、钼、钙、磷等含量很丰富,硒的含量为0.44 mg/kg,比天然冬虫夏草高3倍。人工栽培的蛹虫草含丰富的维生素A、维生素C和B族维生素。蛹虫草不仅有较高的食用价值,而且有较高的药用价值。蛹虫草子实体中含有虫草素、虫草酸、虫草多糖、超氧化物歧化酶、核苷酸类衍生物等，具有镇静、抗疲劳、抗肿瘤、抗衰老、抑制癌细胞、耐缺氧和明显增强非特异性免疫系统的作用。

☞557. 蛹虫草的生活史怎样？

虫草真菌的子囊孢子随风传播，落在合适的昆虫体上，特别是幼虫虫体上，便萌发形成菌丝体。菌丝体向主体内蔓延，昆虫即被感染。昆虫也有因吃进染有真菌菌丝体的叶子植物、枝、茎而被感染。菌丝体利用昆虫体内的组织和器官作为营养物质，不断生长繁殖，最后主体内密布蛹虫草真菌菌丝体，昆虫死亡。昆虫体内的组织和器官分解完毕后，一般正值昆虫发育到蛹期阶段。最后真菌菌丝体由营养生长转入生殖生长，从蛹体空壳的头、胸部、近尾部伸出橘黄色至橘红色、顶端略呈棒状的子座。在子座顶端的膨大部分，分化出呈橘红色的众多乳头状突起的子囊壳，每个子囊壳内产生许多线形孢子集合体。子囊破裂后，这些线形集合体断裂为许多小段，即子囊孢子。子囊孢子随风传播，开始下一个浸染循环。

☞558. 蛹虫草的生长发育条件如何？

(1)温度：蛹虫草菌丝生长的适宜温度为 5～30℃，以 22～25℃为最适；子实体分化及发育的温度为 15～26℃，以 20～22℃为最适。

(2)湿度：菌丝体生长阶段要求空气相对湿度 65%～70%；子实体分化和发育阶段要求 85%～90%。

(3)酸碱度：菌丝体在 pH 3～10 范围内均能生长，pH 6～8 为最适。

(4)光照:菌丝体生长阶段不需要光照;子实体分化和生长发育阶段要求有均匀散射光照,光线不均匀会造成子实体扭曲或一边倒。

(5)空气:菌丝体生长和子实体分化发育都要求有良好的通气条件,特别是菌丝体长满后,若不及时通风换气,会造成菌丝徒长,影响结实。

(6)营养:蛹虫草菌丝生长和子实体分化发育要求培养基质营养丰富,蛋白质含量要高,还要有多种微量元素、维生素等营养物质。

☞559.人工栽培蛹虫草的菌种如何培养?

人工栽培使用的蛹虫草菌种,要从野生蛹虫草分离,再经纯化、筛选、复壮获得。菌种分离一般采用组织分离法,也可从子囊孢子分离到。分离菌种的培养基有:①硫酸镁 0.3 g,磷酸二氢钾 1.25 g,氯化钾 0.5 g,硫酸镁 0.01 g,天门冬酰胺 1 g,硝酸钠 0.5 g,蔗糖 30 g,琼脂 20 g,蒸馏水 1 000 mL。②水解乳蛋白 10 g,葡萄糖 50 g,酵母膏 1 g,硫酸镁 0.5 g,磷酸二氢钾 1 g,2%卵黄 1 g,琼脂 20 g,维生素混合液 5 mL,蒸馏水 1 000 mL。在无菌条件下挑取菌丝体 1 小块,移施在空白斜面上,20～22℃条件下培养,菌丝长满管备用。

菌种扩制:①固体菌种:米饭加 10%蚕蛹粉,充分拌匀后装入菌种瓶或 250 mL 盐水瓶内,瓶口制好棉塞,常规灭菌、冷却,接入黄豆大小斜面菌种 2～3 小块,置 20～22℃条件下培养,至菌丝长满瓶。②液体菌种:玉米粉 2%,葡萄糖 2%,蛋白胨 1%,酵母粉 0.5%,磷酸二氢钾 0.1%,硫酸镁 0.05%,分装入罐形瓶或 250 mL 盐水瓶内,装量为瓶子容积的 1/4 左右,上加棉塞,常规灭菌,接入黄豆大小菌种 2～3 小块(少带琼脂),置 22℃采用摇瓶机或简易通风装置进行培养，一般 5 d 即有大量菌丝球或菌丝碎片形成。

☞560. 蚕蛹培育法如何做前期准备工作？

用蚕蛹培育蛹虫草，周期短，成功率高，成本低。从接种到子座成熟需 35～45 d，蛹虫草菌的感染率及子座长出率均达 95%以上。每平方米的栽培面积可收获干蛹虫草 250～300 g 。前期准备包括：①菌株的筛选：蛹虫草菌经活蛹体多次复壮后筛选出对蚕蛹致病力强、易形成子座的菌株。②孢子悬液制作：蛹虫草菌在含有蛋白质的培养基上，在 22℃和室内自然光线下培养形成大量分生孢子，挑取分生孢子用无菌水制成孢子悬液。③寄主选择：家蚕或蓖麻蚕上蔟后用烟熏消毒，7 d 后剖茧取蛹，剔除病蛹和不良蛹，选适当发育时期的健壮蛹做寄主，或直接取上蔟前的 5 龄后期幼虫做寄主。

☞561. 蚕蛹培育法如何接种和管理？

(1)接种：用昆虫针蘸取孢子悬液，刺入蛹体，每头刺 1 针。

(2)定植培养：感染后的蛹体平摊于蚕匾或类似的筐内，在适当温度下保护到蛹体僵硬，剔除败血蛹。

(3)子座培育：在模拟蛹虫草的生态环境下，培养僵硬的蚕蛹至子座成熟。其方法是采用多孔的材料(如煤渣、碎海绵等)覆盖在僵硬的蛹体上，在适当温、湿度、室内自然光线条件下培养。

(4)子座的定向成长：为了克服蛹体长出的子座多而细的缺点，使子座长而硬。将僵硬的蛹头朝上，插入有孔易保湿的材料(如蜂窝煤或预先打好孔的海绵)上进行培养。

☞562. 如何制作米饭培养基?

培养基配方:①大米 69%,蚕蛹粉 25%,蛋白胨 1%,蔗糖 5%,维生素 B_1 微量(每 500 g 大米用 2 片,捣碎)。②大米 50%,麸皮 25%,10%,糖 2%,草木屑 6%,蚕蛹粉 6%,尿素 0.1%,硫酸镁 0.5%,维生素 B_1 微量。制作方法是:大米用清水浸泡 5～8 h,洗净沥干,蒸成熟透、松散米饭;蚕蛹粉、玉米粉、木屑直接与米饭拌匀;其他成分溶于少量开水中再与米饭拌匀。然后分装入 500 mL 罐头瓶内,装量为瓶子容积 1/5～1/4。

☞563. 人工培养蛹虫草如何灭菌、接种和培养菌丝?

将做好的米饭培养基在常压 100℃保持 8～10 h 或高压灭菌 1.5 h。冷却后在接种箱无菌条件下,每个罐头瓶内接入斜面或米饭菌种 2～3 小块。接种后轻轻摇动瓶子,使菌块滚动至整个面。若采用液体菌种,每瓶内注入 5 mL,均匀滴注在整个表面上。然后置 18℃左右温度下遮光培养 30 d 左右,菌丝长满整个料层。当斜面见至 2～5 个泡状的菌丝团突起时菌丝培养结束。

☞564. 人工培养蛹虫草如何管理?

转色和原基发生:将瓶口牛皮纸除去,控温 20℃左右,白天利用室内漫射光均匀照射,若光照时间不足 10 h,晚上需用日光补照 2～4 h,使菌丝体由白色转变成橙黄色,时间 3～8 d。

当原基形成后,瓶口薄膜用注射针头打 5～8 个小孔,通气,控温 23℃,空气相对湿度控制在 85%～90%。菌蕾逐渐生长、变粗,呈圆锥形或披针形的子座。当长度达 5～8 cm,顶端具有小刺状子囊壳发生即已成熟。此阶段为 20～25 d。

☞ 565. 人工培养蛹虫草如何采收和再生？

子座不再生长，有明显的子囊壳和粉状孢子产生时，应及时用镊子拔起子实体或用剪刀从基部剪断，清除米饭等杂质，按长短、粗细、色泽等分级，摊入布上晒干，或置 40℃左右低温烘干。然后移至室内返潮，整理平直，每 50 株 1 束，两端用线捆扎，再次晒干密封于袋内。晒干应采用弱光。采收完第一批子实体后，整理好料面，重新封好瓶口，保持湿润，控温 23℃左右，半个月后可再次发生子座。

☞ 566. 桑黄的营养价值和药用价值如何？

桑黄是一种附生于桑树上的大型真菌，又名桑黄菇、丁香层孔菌，因呈黄色而得名。桑黄所含的桑黄多糖、黄酮类及三萜类成分具有抗肿瘤、抗氧化活性、提高免疫、抗炎、降血糖等药理作用。桑黄目前被公认为生物治疗癌症效率最高的一种药用真菌，是继灵芝后又一个市场的热点。

☞ 567. 室内层架种植桑黄对栽培设施有什么要求？

室内层架结构种植桑黄时，要选择保温、保湿、通风良好、光线适量、排水顺畅、方便管理操作的塑料大棚。大棚地面要求清洁卫士，墙壁光洁耐潮湿。一般将桑黄棚建在靠近水源、有树荫处的地方。大棚建好后，在培养料入棚前要进行严格的消毒工作，一般每立方米空间用甲醛 5 mL 和高锰酸钾 10 g 密封熏蒸 24 h 之后才能使用。

☞ 568. 室内层架种植桑黄常用的培养料配方有哪些?

常用的配方主料有:①棉子壳 45%、桑树木屑 32%、麸皮 15%、玉米粉 5%。②桑树木屑 77%、麸皮 15%、玉米粉 5%。③棉子壳 77%,麸皮 15%、玉米粉 5%。辅料糖 1%、磷酸二氢钾 1%、石膏 1%培,养料含水量调至 60%~65%。

☞ 569. 室内层架种植桑黄如何进行接种?

料拌好后即可装袋。塑料袋规格可选用 15 cm×35 cm 或 17 cm×33 cm 的聚丙烯或聚乙烯筒袋,每袋装料 400~450 g,聚乙烯料袋采用常压灭菌 10~12 h,聚丙烯塑料袋采用高压灭菌保持 2 h,待料冷却到 30℃以下时移入无菌室内接种。一瓶栽培种可接种料袋 25~35 袋。

☞ 570. 室内层架如何进行桑黄的发菌期管理?

将已接种的菌袋移入消毒好的培养室内,分层排放,一般每排放 6~8 层高,排架之间留有人行通道。每周翻堆一次,使菌丝生长均衡,增加袋内氧气,发菌更快。

桑黄是喜温型真菌,菌丝生长温度以 22~26℃为最佳,子实体生长发育以 18~26℃最佳。发菌期间,保持培养室 22~28℃,空气相对湿度要求 50%~60%,每天通风至少半小时。当菌丝体发满菌袋的 2/3 时,移入培养棚内同时松开料袋口。棚内保持散射光,避免强光直射。一般经 30 d 左右,菌丝便可长满料袋。

☞571. 室内层架如何进行桑黄的出菇期管理?

当菌丝长满后,用刀片将菌袋两端割成直径 2 cm 大小的圆形口,以利出黄。出菇时温度保持在 22～26℃,空气相对湿度保持在 90%～95%,并提供散射光和充足的氧气。及时通风换气,通风不良易出畸形桑黄。高湿度是出菇期一个重要环节,要保持地面存有浅水层,每天向空间喷水 3～4 次。当原基膨大 3～5 d,并逐渐形成菌盖时要增加喷水保湿,气温过高也可通过喷水控温。桑黄采收前一周停止喷水,关闭通风口,通道地面铺上塑料薄膜,以便把散发的孢子粉收集起来。

☞572. 林地种植桑黄如何进行林地的选择?

林下种植桑黄经济是一种循环、环保、生态化的种植模式,所选林地应该郁闭度高,靠近水源,地势较低,林木间距在应在 2 m 以上。附近有水源。种植桑黄前清除地面杂草和树叶,深翻表层土层,通过喷洒杀虫剂等措施进行土壤消毒工作。

☞573. 林地种植桑黄对栽培设施有什么要求?

林地种植桑黄一般采用小拱棚,在两排林木间搭建 1.2 m 宽的小拱棚,棚的两边开灌水沟和排水沟。提高保湿效果可以在小拱棚上离地 1 m 左右的树木间搭遮阳网,上面可以加盖稻草或树枝。

☞574. 林地种植桑黄如何选择培养料?

林地种植桑黄主要采用经过粉碎的桑树、榆树、杨树的修剪枝条作为主料,要求木屑颗粒度在2～4 mm,并至少提前预湿1个月。常用配方为木屑80%,麸皮18%,石膏2%,含水量62%～64%。

☞575. 林地种植桑黄如何进行接种?

培养料搅拌均匀后装入17 cm×33 cm的聚丙烯或聚乙烯塑料袋中,每袋湿料1 kg,边装边压实,并在中间打孔。聚乙烯塑料袋在常压100℃下灭菌14～16 h,聚丙烯塑料袋在高压121℃下灭菌2.5 h。自然冷却到室温以下,在无菌环境中接入桑黄菌种。接种时分两个环节,解开菌袋后先沿袋中间的打孔处靠近袋底部接入一部分菌种,再在袋口附近接入另一部分菌种。

☞576. 林地种植桑黄如何进行发菌期管理?

接种后放入25～28℃培养室内,大约35 d即可长满袋。为了适应后续林地的自然生长环境,当菌丝长满袋后,培养室温度降到22℃以下进行后熟。为避免菌丝发黄,发菌时尽量减少光照,避免强光直射。

☞577. 林地种植桑黄如何进行出菇期管理?

菌丝长满袋后,当外界气温超过20℃时可将菌袋移入林地小拱棚,采用半覆土侧面出菇的排放方式。先将菌袋底部用小刀划开,埋入土下 5 cm 左右,再在袋的一侧距离袋口 2～3 cm 处划一 3 cm 见方的小口。单排或双排在小拱棚内,盖上塑料膜和遮阳材料。小拱棚内保持温度 25～30℃,最高不超过 35℃,空气相对湿度在 85%以上。通过向土层喷水,或者在棚外沟内灌水,保持土层湿润状态。灌水后要适时通风换气,避免黄水和杂菌的发生。

☞ 578．如何进行桑黄的采收与保藏?

从割口到采收一般需 50 d 左右。桑黄可以采收的标准是:当菌盖颜色由白变浅黄再变成黄褐色,菌盖边缘白色基本消失,边缘变黄,菌盖开始革质化,背面弹射出黄褐色的雾状型孢子时,表明桑黄子实体已成熟,可以采收。采收桑黄时从柄基部用剪刀剪下或用手轻摘,有条件的烘干或晒干至含水量 12%,将桑黄装袋后置于干燥的室内保存或出售。

☞ 579．如何进行桑黄的转潮期管理?

采收桑黄后,除去料袋口部的老菌皮,培养袋重新排放于棚内,保持温度 25℃左右,湿度 90%～95%,一周后,又可在原来菌柄上继续生长出子实体。管理方法同第一潮,经过 25～30 d 又可采收第二茬,一般可采收 3～4 茬。每 100 kg 干料可生产干桑黄成品 3 kg 以上。

十、食用菌病虫害防治

☞580. 木腐菌袋料栽培制种期、发菌期的病原菌有哪些?

主要病菌有木霉、链孢霉、青霉、曲霉、毛霉、根霉、镰孢霉、酵母菌、细菌、放线菌等。

☞581. 木腐生菌袋料栽培制种期、发菌期的病害原因有哪些?

一是培养料灭菌不彻底,即培养料消毒灭菌的时间、温度等未达到要求或灭菌灶结构不合理,灭菌未能杀死培养料中的病菌,造成病害发生;二是接种时无菌操作不严,直接将病菌带入;三是种源本身污染;四是培养料的制作管理不当,如使用霉变的原辅材料、操作时造成菌袋破损、灭菌时棉花塞受潮和接种、培养环境高温、高湿、杂菌多等,均可造成病害大面积发生。这类食用菌病菌的传播媒体较多,可通过空气以及所有接种工具传播。

☞582. 绿色木霉的形态特征及发生规律是什么?

特征:绿色木霉分生孢子多为球形,菌落外观呈深绿色或蓝绿色。发生规律:多年栽培的老菇房、带菌的工具和场所是主要的初侵染源,已发病所产生的分生孢子,可以多次重复侵染,在高温、高湿条件下,再次重复侵染更为频繁。发病率的高低与下列环境条件关系较大，温度：木霉孢子在15～30℃下萌发率最高。湿度：空气相对湿度95%的条件下，萌发最快。

☞ 583．链孢霉的形态特征及发生规律是什么？

特征：链孢霉菌丝体疏松，分生孢子卵圆形，红色或橙红色。在培养料表面形成橙红色或粉红色的霉层，特别是棉塞受潮或塑料袋有破洞时，橙红色的霉，呈团状或球状长在棉塞外面或塑料袋外，稍受震动，便散发到空气中到处传播。发生规律：靠气流传播，传播力极强，是食用菌生产中易污染的杂菌之一。

☞ 584．青霉的形态特征及发生规律是什么？

特征：在被污染的培养料上，菌丝初期白色，颜色逐渐由白转变为绿色或蓝色。菌落灰绿色、黄绿色或青绿色，有些分泌有水滴。发生规律：通过气流、昆虫及人工喷水等传播。

☞ 585．毛霉的形态特征及发生规律是什么？

特征：毛霉又名长毛菌、黑霉菌、黑面包霉。毛霉菌丝白色透明，孢子囊初期无色，后为灰褐色。毛霉广泛存在于土壤、空气、粪便及堆肥上。孢子靠气流或水滴等媒体传播。发生规律：毛霉在潮湿的条件下生长迅速，在菌种生产中如果棉花塞受潮，接种后培养室的湿度过高，很容易发生毛霉。

☞ 586．曲霉的形态特征及发生规律是什么？

特征：曲霉又名黄霉菌、黑霉菌、绿霉菌。黑曲霉菌落呈黑色；

黄曲霉呈黄色至黄绿色；烟曲霉呈蓝绿色至烟绿色；曲霉不仅污染菌种和培养料，而且影响人的健康。发生规律：曲霉分布广泛，存在于土壤、空气及各种腐败的有机物上，分生孢子靠气流传播。曲霉菌主要利用淀粉，培养料含淀粉较多或碳水化合物过多的，容易发生；湿度大、通风不良的情况也容易发生。

☞ 587. 根霉的形态特征及发生规律是什么？

特征：初形成时为灰白色或黄白色，成熟后变成黑色。根霉菌菌落初期为白色，老熟后灰褐色或黑色。匍匐菌丝弧形，无色，向四周蔓延。孢子囊刚出现时黄白色，成熟后变成黑色。发生规律：根霉经常生活在陈面包或霉烂的谷物、块根和水果上，也存在于粪便、土壤；孢子靠气流传播；喜中温（30℃生长最好）、高湿偏酸的条件。培养物中碳水化合物过多易生长此类杂菌。

☞ 588. 链格孢霉的形态特征及发生规律是什么？

特征：链格孢霉又称黑霉菌。在基物上生长的菌落呈黑色或墨绿色的绒状或带粉状。菌丝灰色至黑色，生长迅速，扩散快，使其受污染的食用菌无法生长而报废。发生规律：链格孢霉菌丝黑色，大量存在于土壤、空气和作为培养料的各种有机质上。其孢子通过空气传播。在灭菌不彻底，无菌操作不严及培养料含水量偏高和温度高的条件下，有利于发生。

☞ 589. 酵母菌的形态特征及发生规律是什么？

特征：被酵母菌污染的试管，形成表面光滑、湿润，似糨糊状或胶质状的菌落，不同种则颜色不同，培养料或菌种瓶（袋）被酵母菌污染并大量繁殖后，引起培养料发酵变质，散发出酒酸气味，食用菌菌丝不能生长。发生规律：酵母菌孢子靠空气及人为传播，在气温较高、通气条件差、含水量高的培养基上发生率较高。

☞590. 细菌的形态特征及发生规律是什么？

特征：被污染的试管母种上，细菌菌种多为白色、无色或黄色，黏液状，常包围食用菌接种点，使食用菌菌丝不能扩展。菌落形态特征与酵母菌相似，但细菌污染基质后，常常散发出一种污秽的恶臭气味。培养料受细菌污染后，呈现黏湿，色深。

发生规律：在基质 pH 中性、弱碱性反应含水量偏高，温度较高时，有利于细菌发生。同时培养环境高温、高湿，菌益表面长时间保持月膜时也利于细菌病害发生。

☞591. 放线菌的形态特征及发生规律是什么？

特征：该菌侵染基质后，不造成大批污染，只在个别基质上出现白色或近白色的粉状斑点，发生的白色菌丝，也很容易与食用菌菌丝相混淆。其区别是污染部位有时会出现溶菌现象，具有独特的农药臭或土腥味。放线菌菌落表面多为紧密的绒状，坚实多皱，生长孢子后呈白色粉末状。发生规律：菌种及菌筒培养基堆温高时易发生危害。

☞592. 食用菌在制种期和木腐生菌袋料栽培发菌期病害的预防措施有哪些？

由于病害病菌的传播媒体侵入途径多，发生原因复杂，病害一旦发生，难以治愈，因此以防为主更为重要。一是要搞好环境净化，减少病菌数；二是要把好培养料的配制关；三是要培养料消毒灭菌要彻底；四是要选择优良菌种；五是要严格无菌操作；六是要加强培养管理。

☞593. 染病菌料袋如何处理？

对于杂菌孢子长出袋外的暴露型污染的菌袋，如链孢霉污染的，最好是在分生孢子团呈浅黄色时进行处理，而当已产生分生孢子团并呈橘红色时，应用潮湿的布包裹好感病部位，集中进行处理，搬时要轻拿轻放，减少震动，尽量减少分生孢子的飘散危害，或者用少量的煤油、柴油蘸湿感病部分，杀死病原，控制蔓延。对于病菌菌落较少、每袋仅1～2个菌落的感染较轻的菌袋，可用75%酒精或10%～15%福尔马林注射，控制病菌蔓延。对于感染重的，可采用以下两种方法进行处理：一是在生产季节，将菌袋高压灭菌后，再掺入新料中，重新利用；二是将污染的菌袋深埋或烧毁，切忌将污染的菌袋到处乱扔或未经任何处理就脱袋到处摊晒，让病菌孢子到处飞扬，造成严重的重复污染。

☞594. 粪草菌发菌期的主要病原菌有哪些？

除木霉、毛霉、链孢霉、根霉外，主要病害有胡桃肉状菌、白色石膏霉、褐色石膏霉、可变粉孢霉、黄瘤孢、鬼伞类、木棉霉菌、黏菌等。

☞595. 胡桃肉状菌的形态特征、发生规律及防治方法有哪些？

特征：胡桃肉状菌常在双孢蘑菇、鸡腿菇、平菇床上发生。最初在料内、料面或覆土层产生白色或奶油色的浓密菌丝，继而形成一粒粒红褐色外观似胡桃仁的子囊果。发生规律：在高温、高湿、通风不良和培养料近中性至偏酸性的菇棚发生严重。防治方法：认真挑选菌种，有漂白粉气味或有过浓而短的菌丝的，应坚决淘汰。培养料不宜过熟、过湿，并要进行二次发酵，覆土要进行消毒处理。播种后将菇棚温度控制在18℃左右。一旦发生此病害，立即停止喷水，加大通风量。局部污染的，应及早将受污染的培养料及覆土挖除，然后用2%福尔马林或1%的漂白精喷雾。

☞596. 白色石膏霉的形态特征、发生规律及防治有哪些？

特征：白色石膏霉常在双孢蘑菇、草菇、姬松茸床上发生。开始在料面上出现白色棉毛状菌丝体，后期变成桃红色粉状颗粒。发生规律：在培养料发酵不良、含水量过高、酸碱度过高的条件下，易发生和蔓延。防治方法：严格按照培养料的堆制要求，掌握好发酵温度，可适当增加过磷酸钙和石膏的用量，培养料要进行二次发酵，覆土要用甲醛熏蒸处理。在菇床上发生时，可用1∶7的醋酸溶液、2%的甲醛溶液喷洒，也可在发病部分撒施过磷酸钙。

☞597. 褐色石膏霉的形态特征、发生规律及防治有哪些？

特征：褐色石膏霉主要发生在双孢蘑菇、姬松茸、草菇等菇床上。初期在菌床上出现稠密的白色菌丝体，不久变成肉桂褐色。发生规律：常生长在木制器具或床架上，借未经处理的工具和覆土传播。潮湿、过于腐熟的培养料有利于其发生。防治方法：培养料堆积发酵时，堆温上升到60℃以上，维持4～5 d，可杀死菌核。避免培养料过于腐熟和湿度过大。发病时，减少用水，加强通风，使霉菌逐渐干枯消失。

☞598．粪草生菌发菌期病害的预防措施有哪些？

粪草生菌发菌期的病害，主要来自土壤、培养料以及老菇棚残存的病菌丝、孢子或受污染的废弃物。粪草生菌发菌期病害应采取综合防治。菇棚要设置在环境干净、通风向阳的地方。进料前3～5 d可用甲醛或硫黄密闭熏蒸，床架使用前要用清水或5％石灰水或10％漂白粉水冲洗。菇棚墙壁与四周，可分别喷1∶800倍的80％敌敌畏和5％石灰水，以除虫防病。做好覆土的消毒工作。将土粒先经阳光暴晒，再用甲醛熏蒸菇房的门窗及通风口，要安装60目的纱窗、纱门，防止害虫飞入。一般成虫有趋光性，可在菇房附近安装黑光灯诱杀。

☞599．金针菇软腐病的症状、发生规律及防治方法有哪些？

症状：菌盖形成不规则的褐色病斑，而后菌柄基部变软，产生倒伏、腐烂。发生规律：一般温度10℃左右即可发生，立春后气温上升，如果湿度大、通风不良，此病普遍发生，并随着气温的升高，发病加重。防治方法：加强菇棚通风，尤其是菇棚喷水后注意通风。

☞600．金针菇细菌性褐斑病的症状、发生规律及防治方法有哪些？

症状：菌柄全部变褐色，质软，不能直立，有黏液，最后整朵菇变黑褐色、腐烂。发生规律：温度18℃以上，通风不良，湿度大，特别是子实体表面处于水湿状态时极易发生此病害。防治方法：避开高温、高湿季节出菇。避免机械损伤,减少虫害,发病后,及时清除病菇,并用漂白粉喷洒。

☞ 601. 食用菌栽培如何预防杂菌发生?

预防杂菌发生是食用菌生产的重要环节,具体应做好以下几方面工作。

(1)选择优良菌种:生产中要选择纯度高、菌龄适当、生命力旺盛、无杂菌污染的菌种。除此之外,在食用菌栽培过程中,还要定期进行提纯复壮,以保持菌种原有的优良性状。

(2)配制适宜的培养料:由于大多数食用菌喜欢偏酸性环境,所以将培养料的 pH 适当调低,可抑制杂菌繁殖。在麦麸、米糠等含有淀粉和可溶性糖的培养基之中,杂菌很容易生存。但在木屑培养料中,杂菌则会因缺少可利用的酶系而受到抑制,无法生存。例如,用稻草栽培平菇、凤尾菇、草菇等,杂菌就较少发生;而用甘蔗渣、玉米芯等作培养料,杂菌发生就较为严重。

(3)改进接种方法:用生料栽培食用菌时,增加 5%～10%的接种量,并将菌种的 2/3 接种于覆盖料面和四周,有利于菌丝尽快占领培养基表层,提高抗杂菌能力。段木接种时,适当缩小穴距,并在段木两端断面各接种一穴,既可避免杂菌侵入,又能加速菌丝在段木中的生长。

(4)创造适宜的环境条件:食用菌栽培过程中,可根据大多数菌种(除草菇)都要求较低温度,而杂菌多数喜高温的特性,采用适当的降温培养方法。从湿度来看,菌丝生长阶段要求较低空气湿度,杂菌则要求高湿环境,故菌丝生长期间应控制空气湿度在60%以下。

☞602．食用菌虫害的发生特点是什么？

侵害食用菌的害虫种类繁多，由于食用菌子实体缺乏保护组织，全部都能食用且营养丰富，为害虫的生长和繁殖提供了良好的食源。造成大部分害虫立体分布于培养基、菇床、段木以及整个栽培场。害虫为害方式和被害症状多种多样，如子实体缺刻、斑点、畸形、蛀孔。菌丝受损、培养基受害后变黄，发黏并伴有臭味。食用菌害虫个体小、隐蔽性强、繁殖快，加之食用菌子实体缺乏防护、营养丰富，病虫害一旦暴发很难控制。

☞603．食用菌虫害的防治有哪些途径？

清除虫源，切断害虫的侵入途径是菇房病虫害防治的首要一环。选择良好的栽培场地，避开有虫源的地方；清洁栽培场地和菇房；翻耕暴晒露天场地并结合撒石灰或其他药物耙入土中；选用高产并抗虫害的品种；培育适龄、健壮、无螨的菌种等。其次采用物理方法，如灯光诱集捕杀成虫等。目前用得较多的是化学方法，它对害虫种群的控制有着不可替代的作用。另外，生物防治方法将以其独特的优点越来越得到重视，并成为今后的发展趋势。

☞604．线虫对食用菌的危害有哪些？

线虫病是食用菌生产过程中危害较重的病害，食用菌受线虫钻食后往往为细菌、真菌、病毒等其他病原菌创造入侵的条件，从而加重或诱发各种病害的发生，造成交叉为害。蘑菇被害后，床面菌丝生长受阻，严重萎缩死亡，料面发生黑褐色，料湿、发黏，出菇少，菇形小或不出菇，并有难闻的气味，通常受害菇房的出菇期缩短，一般减少一潮菇，严重的生产季可缩短 1～2 个月。其中以双孢蘑菇受害最重，其次为平菇、草菇，一般减产 20%左右，发生严重的菇房损失可达 50%以上，甚至绝收。线虫的化学防治以选用 1.8%集琦虫螨克乳油 5 g/m³ 最安全有效。

☞ 605. 预防食用菌病虫害的原则是什么？

预防食用菌病虫害的原则是：采用科学的栽培管理技术、生物学的、物理的、化学的等综合防治措施，以预防为主，消毒菇场环境，一旦病虫发生严重时"应急"用药，选用无残毒药剂或低残留药剂。

预防食用菌病虫灾害应从食用菌场址选择、设施配置、菌种生产、栽培发菌和出菇等环节入手。

☞ 606. 怎样预防食用菌菌种的污染和退化？

因为个体菇农生产条件的限制，在作母种的纯化检验和优化选择工作时，难以做到无污染和选优。正确做法应从有良好信誉的科研院所或大的菌种厂引种，紧接着转原种和栽培种。在转接原种和栽培种时不宜装满瓶，接原种用的母种菌龄越小越好，一个月的较好，2 个月的少用，存放 3 个月的母种需纯化优选后才能用。逾期未长好的原种和栽培种不做菌种使用，原种和栽培种存放时间不超过 20 d 为宜。菌种制作过程中要严格消毒和无菌操作。

☞ 607. 如何从食用菌场址选择、设施配置方面预防病虫害？

选择好食用菌场址是食用菌栽培的重要环节。食用菌场址应选择远离(300 m以外)畜禽饲养场、饲料仓库和加工厂、屠宰场、食品厂、料库、垃圾场、粪场、臭水沟(塘),以及工业废水、废气、粉尘污染场所。切忌在污染源下风口建场。食用菌场周边环境的杂物、垃圾、杂草清除干净、地平整不积水。定期用药剂消毒,经常保持清洁、卫生、美观。

场内设施配置的原则是:以上风口位置向下风口方向依次安排菌种选育和菌种生产区、栽培发菌区、出菇区,原料棚(库)、晒场、配料场、消毒灭菌室,下风口安排产品包装间、产品库或冷库、办公接待室、厨房、餐厅宿舍、卫生间等设施。废料场、生活垃圾场应分开设立,菌种区栽培区应与其他设施分离,无关人员不随意出入。设施简易的菇场、菌种培养室、栽培发菌室和菇房不宜过大,大小以能容纳1～2次灭菌的瓶(袋)或1～2 d的栽培袋为好,以利管理和防病虫。

☞ *608*.如何从食用菌栽培管理方面防除病虫害?

食用菌栽培主要从菇房温、湿度等环境因子和营养条件两个方面实行科学管理、促进食用菌生长抑制病虫害达到获得优质高产菇品的目的。菇房在一定程度上具备调温、调湿、排水和通风功能,密闭性好、利于熏蒸消毒,门窗和通风口安装防虫纱网。

原料经暴晒的杂菌污染率只有1%～2%。栽培料要用井水、自来水等洁净水。栽培料调制后应在4～6 h内装完袋,立即入锅灭菌。一次灭菌的栽培袋数量应在当天接完种,随即移进发菌室培养。夏天高温时要尽快降低料温,冬季低温期要“抢温接种”。接种严格无菌操作。

☞ 609 . 发菌期如何注意防病?

发菌是否成功,很大程度上看发菌期尤其发菌初期菌丝生长状况。若菌丝生长缓慢、稀疏、纤细、衰弱,往往杂菌污染多,如果菌丝萌发快、生长迅速、壮而密,好像整齐的毛刷一般,短期能长满料面,这是成功的预兆。在发菌的头 7～10 d 认真查看温、湿度,菌丝状况,及时调节,对成功栽培是不可忽视的。栽培料料温往往比室温高 2～5℃,应及时调整栽培袋堆放高度和位置,适当通风、降温、降湿,避免高温“烧菌”。对检查有虫袋、杂菌袋的塑料袋中要及时处理。当病虫袋较多时,用不影响菌丝生长的药剂全面喷雾、熏蒸,以观后效,如果病虫害严重发生,则对发菌室彻底消毒、清除菌袋,保持洁净,消毒后重新使用。

☞ 610 . 出菇期如何注意防病?

有的出菇房较大而生产规模小,造成同一个出菇场内摆放着出过一潮菇的菌袋,出二潮以至三、四潮菇的菌袋,而且继续不断有刚发好菌的袋被放进来。这种“数代同室”的病虫交叉感染、病虫危害严重。应改大菇房为小菇房,以利管理、防病虫。

由于喷水不当,有水滴长时间停留在食用菌子实体表面,加之通风不良,在高温、高湿下往往发生细菌病害,如杏鲍菇、平菇菌盖的褐条病、斑点病、锈斑病等。预防措施是适时适量通风、降温、降湿保持空气新鲜。用 150～200 U 四环素、链霉素等抗生素喷雾,7 d 一次共 2 次,可减轻病害。

☞ 611．收菇后如何注意防病？

收菇后及时清理枯菇、残菇、菇根和杂物，保持菇房洁净。如病虫害较多时，在清理后立即用安全的对菌丝体、子实体生长无害的药剂喷雾、熏蒸。采完末潮菇后应当进行菇房消毒，再清理打扫菇房。

☞ 612．灯光诱虫的原理和方法是什么？

食用菌生产上危害性大、发生较为普遍的莫过菇蚊、菇蝇。这类害虫 20～30 d 完成一个生活史周期（一个世代）。并且子子孙孙连绵不绝，天天有成虫产卵，卵孵幼虫，幼虫化蛹，蛹化成虫，世代重叠，短期内虫量成数十倍增长，加重危害、暴发成灾。因为它们的成虫有趋光习性，常在窗前或灯光下成群飞舞。利用灯光诱杀成虫，叫它产不了卵，打断了生活史中一个环节就不能繁殖后代，自然就会消除危害。但必须坚持天天诱杀，直到末潮菇采完。

灯光诱杀时菇房的门、窗、通风口安装防虫纱网，在菇房适当部位 1.5 m 高处安装黑光灯（2 W 或 3 W），用盛水的盆放在灯下，水中滴几滴敌敌畏或煤油，每天傍晚天黑时开灯 3 h 左右，次日清晨把虫捞出。未安装防虫纱网的菇房，宜在菇房外周装灯诱杀，必要时菇房内外同时用灯光诱杀。利用灯光诱虫可预测害虫发生发展情况，指导生产。

☞ 613．常用的食用菌药剂有哪些？

农药作为菇场内外环境的杀菌剂、杀虫剂，是一项很重要的预防食用菌病虫灾害的有效措施。选用的农药对病原菌、害虫要击倒力强，残效期短，对人畜、菇房安全无毒。常用的杀菌剂有45%扑霉灵乳油、克霉灵、烟雾消毒剂（盒）等。杀虫剂有22%菇虫净乳油、磷化铝、除虫菊酯、鱼藤精等。

十一、食用菌产品的贮藏及加工

☞614. 什么是食用菌产品的加工？

食用菌产品的加工是指对采收的食用菌子实体、液体或固体培养的菌丝体、子实体下脚料等原料加工成保存时间长、运输方便、味道鲜美、有利于食用的各种新产品的过程和方法。包括产品的初加工和深加工。

☞615. 食用菌产品的保鲜及加工具有哪些重要性？

①能延长食用菌产品的保存期。②能增加食用菌产品的品种，如各种营养食品、方便食品、保健食品、疗效食品等品种。③能均衡食用菌的市场供应。④能提高栽培食用菌的经济效益。⑤能方便食用菌产品的运输。⑥能浓缩食用菌的有效成分，如香菇子实体中的香菇多糖和香菇嘌呤，灰树花子实体中的灰树花多糖和嘌呤，灵芝子实体中的灵芝多糖、灵芝生物碱和三萜类物质等。

☞616. 我国食用菌加工的主要形式有哪些？

近几年来，随着人们生活水平的提高和消费观念的更新，人们对食用菌消费也提出了新的要求，营养、新鲜、方便、保健成为新的消费时尚，食用菌加工形式呈现多样化特点。主要有日晒、机械脱水、冷藏保鲜、速冻保鲜、浸渍加工、制罐加工等，随着对灵芝、猴头菇、虫草等药用真菌的药用成分和药理作用研究的不断深入，综合利用各种食用菌开发保健食品、营养食品、辅助性药品、治疗药品等方面也有了较大的发展。

☞ 617. 当前食用菌的加工方法有哪些？

当前主要的加工方法有干制加工（晒干、烘干、冻干、膨化干燥等）；腌渍加工（盐渍、糟制、酱渍、糖渍、酒渍等）；制罐加工；食品加工；软包装加工；精细加工（蜜饯、糕点、米面、糖果、休闲食品等）；深度加工（饮料、浸膏、冲剂，调味品、美容化妆品等）和保健药品加工（保健酒、胶囊、口服液、多糖提取等）等。

☞ 618. 食用菌部分代表性加工产品有哪些？

（1）干品：目前市场上有各种规格的食用菌干品，是食用菌加工产品的主要形式。香菇有花菇、厚菇、薄菇等。其他品种如黑木耳、白木耳、毛木耳、草菇、平菇、竹荪、猴头菇、灵芝等都有不同规格、不同档次的干品。

（2）鲜品：市场上有专供出口和超市零售的各种保鲜小包装（100～500 g）。主要品种有双孢蘑菇、香菇、金针菇、平菇、凤尾菇、杏鲍菇、白灵菇等产品。

（3）罐头：主要有双孢蘑菇罐头、香菇罐头、草菇罐头、银耳罐头、猴头菇罐头等纯品种罐头和各种软包装混合食品罐头。

（4）腌制品：主要有双孢蘑菇、香菇、平菇、草菇、滑菇、鲍鱼菇、杏鲍菇等。

（5）深加工产品：主要有蘑菇酱油、香菇松、香菇速溶茶、茯苓糕、金针菇调味粉、平菇速冻饺、平菇软糖、冰花银耳，菇味蜜饯等。

（6）保健品：主要有香菇、银耳、猴头菇、虫草保健饮料、天神饮料(茶树菇饮料)、猴头蜜、灵芝保健酒、虫草冲剂、茯苓奶茶、速溶灵芝茶等。

(7)药品:主要有灵芝粉、金水宝、宁心宝、百令胶囊(冬虫夏草制剂)、云芝肝泰冲剂、蜜环菌片、猴头菌片、灵芝多糖针剂等。

(8)多糖类:主要有香菇多糖、茯苓多糖、灵芝多糖、冬虫夏草多糖、银耳多糖、猴头多糖、蜜环菌多糖等。

☞ 619. 如何利用包装盒进行食用菌低温保鲜?

鲜菇一经采收,就整齐排放在小型矮装容器内,并尽快送往低温车间进行整理。容器体积为长×宽×高(下同)=40 cm×28 cm×16 cm,其形状如周转箱,底部实板,四周预设直径2～3 cm的圆孔,底下四角均有内缩插接角块,以便于码高多层。鲜菇采收时顺头排放,不使头尾相接,以免造成污染;低温车间内温度为1～3℃,鲜菇成箱搬入车间后分开摆放,不得再码太高,以便于菇体充分降温,该环节对于气温高于15℃时采收的鲜菇尤为重要。

进入冷库进行整理,用小刀将鲜菇基部削净,去掉一切泥土、基料等杂物,鳞片多时应一并除去,一般不用水洗,否则缩短产品货架寿命。随即将干净的鲜菇进行分级后,排放于铺有泡沫软衬的容器内,待菇体内部降温至3℃以下时,即可分装。每盒装鲜菇150 g左右,也可根据鲜菇品种确定包装盒的规格,如鸡腿菇一般适宜16 cm×10 cm×4 cm规格的包装,姬松茸则适宜15 cm×10 cm×6 cm规格,真姬菇、杨树菇等则适宜16 cm×8 cm×4 cm规格。将小包装盒再装入泡沫保鲜箱内装箱运输。一般在5 h内亦不会出现质量下降问题。短期贮存和运输可采用冰块或冷藏车降温保鲜,温度控制在1～3℃即可。

☞620. 如何储存金针菇?

最适储存温度:0℃,相对湿度:95%以上。采收后,必须低温储存。金针菇储存期间,逐渐失去光泽,随后呈褐斑或变黑,产生黏性物质,变味而失去市场价值。通常0℃储存7～12 d,5℃3～4 d,10℃1～2 d,15℃ 1 d,25℃1 d以内。

☞621. 如何储存草菇?

最适储存温度:13～15℃,相对湿度:95%以上,12℃以下会发生菇表出水的冷害现象。若储存温度在15℃以上,又因呼吸作用强,急速消耗体质,菇体很快软化并产生异味,因此草菇采收后极难储存。其最适的储存温度为12～15℃,只能存放2～3 d。

☞622. 如何储存木耳?

木耳的最适储存温度:0℃,相对湿度:95%以上。木耳可以新鲜或干燥方式出售。鲜耳较难储存,若能维持0℃左右的低温,并于高湿状况,约可存放3周。0℃18～22 d,5℃12～17 d,10℃10～14 d,15℃4～6 d,常温(25℃)1 d以内。

☞623. 如何储存鲍鱼菇?

最适储存温度:5～7℃,相对湿度:95%以上,5℃以下冷害。新鲜鲍鱼菇采收后极易腐败,低温储存是延长其储存期的好方法,以5℃储存较适宜。5℃以下储存会发生菇伞变软,随后发生腐烂的冷害现象。鲍鱼菇储存期间,常因失水伞缘卷曲,商品价值较差,故应设法保持高湿。0℃5～7 d,5℃7～10 d,10℃2～4 d 15℃1～2 d,常温(25℃)1 d以内。

☞624. 如何储存香菇?

最适储存温度:0℃,相对湿度:95%以上。香菇的食用可分为干燥菇及新鲜菇。由于新鲜香菇本身有独特的风味及组织,为人喜爱。香菇采收后应尽速储存于5℃以下,并维持相对高湿度,约可储存2周。0℃10～14 d,5℃8～12 d,10℃5～7 d,15℃1～3 d,常温(25℃)1 d以内。

☞625. 食用菌的干制方法有哪些?

有自然干制和人工干制两类。在干制过程中,干燥速度的快慢,对干制品的质量起着决定性影响。干燥速度越快,产品质量越好。自然干制利用太阳光为热源进行干燥,适用于竹荪、银耳、金针菇、猴头、香菇等品种,是我国食用菌最古老的干制加工方法之一。加工时将菌体平铺在向南倾斜的竹制晒帘上,相互不重叠,冬季需加大晒帘倾斜角度以增加阳光的照射。鲜菌摊晒时,宜轻翻轻动,以防破损,一般要2～3 d才能晒干。这种方法适于小规模培育场的生产加工。有的菇农为了节省费用,晒至半干后,再进行人工烘烤,这需根据天气状况、光照强度、食用菌水分含量等恰当掌握,否则会使菇体扭曲、变形、变色。人工干制用烘箱、烘笼、烘房,或用炭火热风、电热以及红外线等热源进行烘烤,使菌体脱水干燥。此法干制速度快,质量好,适用于大规模加工产品。目前人工干制设备按热作用方式可分为:①热气对流式干燥。②热辐射式干燥。③电磁感应式干燥。我国现在大量使用的有直线升温式烘房、回火升温式烘房以及热风脱水烘干机、蒸汽脱水烘干机、红外线脱水烘干机等设备。

☞626. 食用菌脱水烘干时应注意哪些环节?

以香菇为例,为使菇型圆整、菌盖卷边厚实、菇褶色泽鲜黄、香味浓郁、含水量达到12%的出口标准,必须把握好以下环节:①严把采摘关。掌握在八成熟、未开伞时采摘,这时香菇孢子没有散发,干制后香味浓、质量好。采时禁止喷水,采下的鲜菇放在竹篮内,不可用布袋、尼龙袋装运,防止挤压、破损、变质。②及时摊晾所采鲜菇要及时摊放在通风干燥场地的竹帘上,以加快菇体表层水分蒸发。切不可将鲜菇放在潮湿的地面,以防褐变,影响干菇色泽。摊晾后的鲜菇,根据市场要求,一般按不剪柄、菇柄剪半、菇柄全剪三种方式分别进行处理,同时捡除木屑等杂物及碎菇。③整理装机烘烤。要求当日采收,当日烘烤。将鲜菇按大小、厚薄、朵形等整理分级,菇柄朝上均匀排放于上层烘帘,质量差的排放于下层。为防止在烘烤过程中香菇细胞新陈代谢加剧,造成菇盖伸展开伞,色泽变白,降低品质,在鲜菇进机前可将空机增温到38~40℃,再拌菇上架。④掌握火候,低温干燥香菇含水量高达90%,切不可高温急烘。开机操作务求规范:在点火升温的同时,启动排风扇,使热源均匀输入烘房。待温度升到35~38℃时,将摆好鲜菇的烘帘分层放入烘房,促使菇体收缩,增加卷边程度及菇肉厚度,提高干菇品质。烘房温度控制:1~4 h保持38~40℃,4~8 h保持40~45℃,8~12 h保持45~50℃,12~16 h保持50~53℃,17 h保持55℃,18 h至烘干保持60℃。⑤注意排湿通风。随着菇体内部水分的蒸发,烘房内通风不畅会造成其色泽灰褐,品质下降。操作要求:1~8 h全部打开排湿窗,8~12 h通风量保持50%左右,10~15 h通风量保持30%,16 h后,菇体已基本干燥,可长闭排湿窗。用指甲顶压菇盖感觉坚硬并稍有指甲痕迹、翻动哗哗有声时，表明香菇干度已够，可出房冷却包装。

☞627．银耳如何加工及保存？

银耳采收后，轻放盛器内，用剪刀小心地把黑色耳蒂挖净，然后拣除杂质，放入清水冲洗1～2次。要当天采收，当天晾晒。这样的产品色白、质量好。晒时，最好摊放在竹帘上，注意勤翻晒，并不断整理朵形（碎耳片也可以加在整朵的耳片内）使之加速干燥，并保持朵形美观。若遇阴雨天，应及时烘干，可采用火墙或火炕烘干的办法，但要用文火，不要超过56～60℃。干燥的银耳，放入密封的塑料袋内存放，以免受潮或虫蛀。

存放时发现银耳轻度长霉时，应及时拿到仓库外，用干毛刷刷去霉斑，然后，放在火炕或烈日下烘晒干。如果霉变严重，可用盐水冲洗，将霉菌洗去，使其呈新鲜状后再烘晒干。存放时虫害也不可忽视，它不仅蛀食银耳还排泄脏物污染商品，影响商品的质量与外观。

防治的方法是：日光暴晒、烘烤等。在暴晒或烘烤时，要经常翻动使之受热均匀，以达到彻底杀虫的目的。

☞628．怎样盐渍加工食用菌？

为了使食用菌能够长期保存，适用于长途运输、加工等，通常对一些珍贵野生食用菌（如鸡枞菌、牛肝菌、松茸等）和一些常用于加工的食用菌（如蘑菇、平菇、鸡腿菇等）进行盐渍加工贮藏。盐渍工艺：①漂洗。去掉鲜菇表面杂质，洗除菇体表面泥屑杂物。②杀青。经漂洗过的食用菌及时捞起放在沸水中预煮。煮制前，将配好的10％浓度盐水放在铝锅中旺火煮沸，再放入食用菌。一般每100 kg盐水放40 kg菇。煮时火力要猛，水温保持在98℃以上，并用竹棒或木棒不停地搅拌,用铝勺捞去浮在水面的泡沫。煮制时间一般掌握在5～12 min,以熟至透心为度。煮好后将菇捞起及时放在清水中冷却,经30 min彻底冷透。煮沸的作用在于破坏酶活性,避免变色,并排除菇内气体,冷却后能充分渗入盐水。如果没煮透,在保存过程中会变色甚至腐烂。③腌制。冷却的食用菌沥去清水后,先放到浓度为15%～16%的盐水中腌制,3～4 d后,要转入23%～25%的饱和盐水中继续腌制。盐水浓度必须控制在20%以上,若不足应及时补盐使浓度上升。④装桶。将已腌制好的食用菌捞起,装桶(塑料桶),倒入饱和盐水,再在桶面撒一层精盐即可。

☞ *629*. 怎样对草菇进行盐渍加工?

草菇生长迅速,极易开伞,采收也在高温季节。很容易腐烂变质。采收后应立即加工。草菇盐渍在高温季节极易腐败,故在加工的具体操作上与其他菇种略有不同。盐渍的草菇首先要求菇根切削要平整,不带任何培养料和杂质;剔除菇色发黄的死菇,否则加工时会影响质量。

(1)漂洗:将草菇进行清水漂洗,清洗菇身上的泥屑,并在清水漂洗时及时拣尽杂质。

(2)预煮:顶煮必须在铝锅或不锈钢锅中进行。将清水或10%的盐水烧开,按菇水1:(2～3)的比例倒入,煮沸10～15 min,以菇心无白色为度。

(3)冷却:煮好后应立即捞出,倒入流动冷水冷却,要求充分冷透,否则容易造成腐败现象。

(4)盐渍:将冷却好的草菇沥去水分,然后进行盐渍加工。盐渍方法有两种:一种是生盐盐渍,另一种是熟盐盐渍。生盐盐渍操作简单,管理方便,但加工不当,易使菇色变黄,影响加工质量。将沥去水分的草菇按每千克加 0.6～0.7 kg 食盐的比例逐层盐渍，先在缸底放一层盐，加一层菇，再逐层加盐、加菇；也可以将盐和菇拌和，直至缸满，满缸后覆一层盐封顶，上面再加盖加压，直至腌制完毕。在装桶时再用 22°Be 的熟食盐水浸制。

熟盐水盐渍方法比较科学，盐渍好的草菇色泽鲜亮，菇形饱满，加工质量好，只是稍繁些，管理上难一些。先备制好饱和食盐水，且需烧开。冷却后倒入草菇，要求盐水浸没草菇，满缸后，上面覆盖一层纱布，再在纱布上加一层盐。这种方法盐渍的草菇，质量好，杂质少。熟盐盐渍要求能做到勤翻缸，勤加熟盐水。一般第一次翻缸在 6 h 后，当盐水波美度下降到 10 以下要及时翻缸，并加入 22°Be 的熟盐水，再在其上覆纱布和一层盐。第二次翻缸可以适当延长些，一般在 8～10 h 后，每次都要翻入 22°Be 的盐水中腌制，一般需 4～5 次翻缸后，逐渐稳定至 21～22°Be，大概需要 1 周，盐渍完成。第一次翻缺的盐水应弃之不用，第二次以后的盐水可以再利用。加工过程中必须注意勤观察，防止缸内起沫发泡，影响盐渍质量，一旦发现，应及时翻缸。

(5)装桶：稳定在 21～22°Be 的草菇，可以进行装桶。装桶应该注意：必须用卤水浸没草菇，否则贮藏时易产生异味变质；也不能在桶内多加草菇造成挤压，以影响质量。

总之，草菇盐渍在操作过程中只要掌握快预煮、冷却透、卤汤咸、勤翻缸、勤换卤、防发泡、防异味、保色泽、稳定长，就一定能盐渍高质量的草菇。

☞ 630．如何进行盐水蘑菇的加工？

盐水蘑菇的加工工艺：采摘→分级→漂洗→杀青→冷却→定色→腌制→贮藏→包装→调运。

(1)采摘：为了保证蘑菇不受损伤，不开伞、不变质，保持菇体正常色泽,采收及加工时要做到“三轻”“三分”“三及时”,即轻摘、轻放、轻运,分级采菇、分级加工、分级出售,及时采菇、及时运送、及时加工。并且为了提高采菇的质量,在采菇前 8 h 内不能喷水,在气温高的情况下(18℃)每天可采摘 2 次。

(2)收购分级:是加工盐水蘑菇质量好坏的关键因素之一,应特别引起重视。

(3)漂洗:将收购的蘑菇放进缸或水池内进行漂洗,除去杂质。如果采菇后超过 1.5~2 h 内未加工,要及时用稀盐水漂洗。盐水浓度绝对不能超过 6‰。

(4)杀青(煮菇):蘑菇经漂洗后,捞起沥干 5~6 min,然后下锅。下锅量要适当,以菇体能在锅内翻动并能全部浸入水中为宜。下锅时灶火要旺,保证锅内水温在 95℃以上,并用竹棍、木棒快速翻动,边煮边捞出泡沫,使菇体杀青均匀,无异样、异色。杀青时间长短随菇体大小而定。一般大菇 3.5~6 cm,煮 10~15 min 即可,小菇 1.8~2.5 cm 的可煮 8~10 min,以菇体煮熟为准。在煮菇时要把菇煮熟为止,否则,杀青未处理好,菇体在腌制过程中会霉烂、变质。

(5)冷却:杀青后的蘑菇要倒入清洁的水缸(盆或水泥池内均可)中进行冷却。用自来水或长流水冷却最佳,一般冷却 20~30 min,使菇体冷透为止,使菇体冷却到菇心,然后捞起放在筛或篓筐中沥水 5~10 min,再倒入盐水中腌制。

(6)定色:将杀青后充分冷却的菇体,放入缸内或水池 15%~16%的定包盐水中腌制 3~5 d,使菇体颜色逐渐变成黄白色,即为定包。定包盐水的配制:先将食盐放入煮沸的水中溶解,冷却过滤,除去杂质,然后用波美表调至 15%~16%(不能超过 18%)。

(7)腌制贮藏:将定色好的菇捞起,沥干水 5 min 左右,再放进 20%~23%的盐水液中。或直接采用一次腌制法,即不捞出缸,保留定色盐水(盐水和菇在一起),提高盐度,这种办法既省工,又方便。在腌制期间(1周内)要勤检查,保证腌制菇体的盐水浓度在18%以上,若盐水浓度达不到18%,应及时调整加盐,提高盐的浓度。在腌制8～10 d内要认真做到"三勤",即:勤翻缸、勤检查、勤加盐。每次翻缸要把上面的菇往下翻,下面的菇往上翻,使缸内的盐水浓度均匀一致。盐水浓度稳定在18%～20%不变,即说明盐水菇已达到饱和。以后2 d翻缸一次,再不加盐,直至保持出缸、装桶为止。在翻缸时,一次翻缸完毕,要注意把菇面平整一下,然后用蚊帐布或纱布覆盖,放上竹盖,用石头压沉,使菇体全都浸入盐水中3～7 cm。石头不要太重,能把菇压沉不露菇体即可,避免盐水菇变形(畸)影响质量;反之,如果压得太浅,甚至菇体露在空气中,很快被空气氧化,严重者菇色变黑发烂,并缩短贮藏期。在整个盐水蘑菇腌制过程中,10～15 d即可装桶。但腌制15～20 d比较理想,出菇率高达60%～70%。若装桶过程还没满足腌制蘑菇应需的时间,菇体达不到饱和,既影响出菇率,又降低盐水蘑菇的色泽质量。盐水蘑菇应具有香味,淡黄色或谷黄色,无异味,这是盐水蘑菇正常的表现,如果发现有异味应及时处理。头次的定色盐水和饱和盐水,一般可反复使用1～2次,但一定要注意重新调配成所需的浓度。在加工过程中,工作要认真细致,这样才能加工出优质盐水蘑菇。

(8)不同盐水浓度的配比:定色盐水(也叫保质盐水),100 kg清水加19～20 kg食盐,可配制成15%～16%浓度的盐水。饱和盐水,100 kg清水加28～30 kg食盐,可配制成20%～23%浓度的盐水。漂洗盐水,100 kg清水加0.6 kg食盐,可配制成0.6%浓度的盐水。

腌制好的盐水蘑菇,先分级装进塑料桶内,或塑料袋,按菇净重数量装足过秤,每桶达24 kg,再加入20%～23%新配制的盐水,直至灌满桶为止。然后把盖盖好,经商检部门检验合格贴上标号即可调运。

☞631．怎样进行平菇加工？

①采摘的鲜菇剪去菇柄，在10％盐水中煮沸6～10 min杀青，盐水中加入0.5％明矾保色，煮时少搅动，以保持菇形完整。然后滤去热水，用冷水漂洗至菇盖内部变冷，滤去水后，投入到23％～25％盐水中淹没浸泡约10 d，可分装成商品。②将杀青后的平菇直接用精盐腌制。每100 kg鲜菇用盐23～25 kg，同时加入100 g柠檬酸在盐中拌匀。按一层盐一层菇放入容器内，面层用重物压紧，一周后翻缸一次。2周后可转入包装桶内，并注入饱和盐水浸没，加盖封口即成。盐水用柠檬酸调至酸碱度5为宜。③以盐水腌制的平菇，按罐头加工法，装入罐内成商品。

☞632．如何进行滑菇的盐渍？

①将洗好的菇立即放入开水中煮，待水烧开后再下菇，菇、水比为1∶3。严格按此比例，不能多放菇，以免煮不熟，影响盐渍效果。每锅煮2～3次后即换水，不可加水连续使用。②煮好的菇捞出后立即放在凉水中冷却，然后捞出，放入盐缸中盐渍。③盐渍菇时，先在缸底撒一层盐，盐上面放一层3 cm厚的菇，再撒一层盐，放一层3 cm厚的菇，依此类推，直到装满缸，撒盐时一定要把菇盖住。平均每千克菇放0.70 kg盐，盐少了易酸菇。④注意不要在菇没有冷却时就盐渍，以免造成酸菇、发红，影响滑菇的质量。

☞633．食用菌腌制时应该注意的事项有哪些？

(1)做到当天收来，当天加工，当天盐渍，不过夜。

(2)盐渍用盐一定要用洗涤盐，即食盐用清水洗1～2次，去杂质。

(3)用盐量一定要足,缸内盐水要达到23°Be饱和状态。盐水一定要浸没菇体。

(4)缸口要用纱布覆盖,防止灰尘落入缸中。

(5)加工和加工成品装袋或装桶时要注意卫生,不允许接触碱性的东西和腐臭物品。周围环境清洁,无论是装桶或装袋,都要细致检查,不允许有头发、苍蝇、蚊虫、蟑螂、大头针、铁钉等杂物,避免造成不良的影响。

(6)加工用具忌用铁质器具,用铁器会使产品发黑。

(7)腌制品在缸或水池内不能和油类接触。因为油类可使产品保存期减短和变质。

(8)在加工过程中,没有检查部门的允许,不准放任何化学药品护色。

(9)要有专人负责,防止意外事故发生。

☞ 634. 食用菌腌制时的加工用具有哪些?

(1)杀青(煮菇)锅,就是平时日常生活用的铝锅或不锈钢锅。但铁锅、铜锅都不能用来加工。

(2)水缸(瓷缸)或水池,可以腌制贮藏,但不要沾有油质。

(3)铝捞瓢,也可用竹制成,但不能用铁做成的捞瓢捞蘑菇,以免菇体变为黑色。

(4)波美表,量盐水浓度必用。

(5)食盐(细盐、粗盐均可)。

(6)蚊帐布或纱布以及竹盖,主要用于腌制过程中把盐水蘑菇压沉,起保质作用。

(7)篓筐。

☞635．什么是食用菌的糖渍技术？

食用菌糖渍，就是设法增加菇体的含糖量，减少其含水量，使其制品具有较高的渗透压，阻止微生物的活动，从而使制品得以保存。与果蔬糖制品一样，食用菌的糖制品含糖量必须达到65%以上，才能起到有效地抑制微生物的作用。糖渍加工的食用菌产品主要是金针菇蜜饯、平菇蜜饯、银耳蜜饯、木耳蜜饯及香菇蜜饯等。

☞636．如何制作灰树花保健饮料？

工艺流程：菇体粉碎→热水浸提→过滤→浓缩→低温沉淀→分离→配制→装瓶→杀菌→成品。

操作要点：将灰树花子实体用粉碎机粉碎，细度以提高浸出率为准。热水浸提时，料、水比为1∶(10～15)，在96～100℃条件下加热2～3 h，使可溶性成分转移至液相，然后过滤去渣，为提高浸出率，残渣可重浸一次。滤液中的主要成分，除灰树花多糖和果胶外，还含有氨基酸、肽类、核酸以及少量矿物质。浸提后滤液的固形物浓度一般为1%～2%，需使其浓度达到10%左右，不能太浓，否则黏度上升不利于果胶沉淀。浓缩方法以减压浓缩为宜，为了分离所产生的沉淀，需把浓缩置于4～5℃下低温贮藏，使沉淀积于底部，再用虹吸法离心分离沉淀物。然后，在其中加入糖和有机酸，按常规法装入马口铁罐，经杀菌后即可获得耐贮藏、风味佳美的灰树花保健饮料。

☞637．如何制作蜜环菌保健饮料？

可利用深层培养法所得的菌丝体加工制成蜜环菌保健饮料。

其制作方法：把深层培养获得的菌丝体对1倍水加热到80℃保温1 h，真空抽滤、浓缩至比重1.1～1.2，按蜜环菌浓缩液60%、柠檬酸0.2%、牛奶粉2%、苯甲酸钠0.4%、无离子水37.4%的配比配制饮料，然后加热55～60℃，搅拌1 h，冷却到50℃后过滤、装瓶、灭菌即得成品。饮用时加1～2倍温开水调匀。蜜环菌保健饮料外观为红棕色浓汁，口感好，口味微苦。香味如咖啡般芳香，非常适宜老年人饮用。

☞ 638. 如何制作香菇保健饮料？

称取新鲜香菇100 kg，破碎成1 cm大小的块状，放入装有搅拌机和蒸汽机加热盘管的不锈钢容器中，再添加椰子水100 kg，升温到60℃，缓慢搅拌15 h，过滤得到提取液。把100 kg提取液重新放入装有搅拌机和蒸汽机加热盘管的不锈钢容器中，徐徐加入预先溶入50 g乳化剂(1∶1的山梨醇酐单硬脂酸酯和硬脂单甘油酯混合物)的椰子油2 kg，进行搅拌，再添加胡椒5 g、谷氨酸钠5 g和食盐10 g，升温到60℃，边搅拌边输入均匀器，经装瓶灭菌就制成了乳状的香菇保健饮料。

☞ 639. 如何制作金针菇保健饮料？

在1 kg椰子水中添加葡萄糖55 g、磷酸二氢钾0.2 g、磷酸氢二钾0.4 g和硫酸镁0.2 g配制成培养液，把培养液放进预先灭菌的容器中，再经过热蒸汽灭菌后冷却，然后接入金针菇菌种，在(25±2)℃下培养，以140 r/min的转速搅拌输入无菌空气培养7 d。培养结束后过滤，得滤液A。过滤所得菌丝体再经过热水浸提、减压浓缩、过滤分离，得滤液B。混合A、B滤液进行科学配制，装瓶灭菌即得金针菇菌丝体保健饮料。

☞ 640. 如何制作银耳保健饮料?

称取 50 kg 银耳放入装有搅拌机和蒸汽加热盘管的不锈钢容器中,再加 500 kg 椰子水,升温到 70℃,缓慢搅拌 3 h,挤压过滤得提取液。采用该提取液 100 kg,放入同样容器中,再添加砂糖 10 kg、70%的山梨糖醇水溶液 1 kg、柠檬酸 500 g 和作为稳定剂的海藻酸钠 600 g,在 40℃下进行搅拌混合,再经装瓶灭菌,制成银耳保健饮料。

☞ 641. 什么是蘑菇的冷冻干燥? 有何优点?

蘑菇冷冻干燥法又称真空冷冻干燥或升华干燥。冷冻干燥的原理是先将蘑菇原料中的水分冻成冰晶,然后把压力减小到一定数值后,供给升华热,在较高的真空下将冰晶直接气化升华而除去。干燥终了时,立即向干燥室充入干燥空气和氮气恢复常压,而后进行包装。蘑菇冷冻干燥的工艺包括:原料清理,送入冷冻干燥系统的密闭容器中,在-20℃冷冻,然后在较高真空度下缓慢升温,经 10 h 左右,因升华而脱水干燥。

其优点是预处理干净的蘑菇即可用于加工,制品能较好地保持原有的色、香、味、形和营养价值。产品具有良好的复原性,只要在热水中浸泡数分钟就能恢复原状,复水率可达 80%,除硬度略逊于鲜菇外,其风味与鲜菇相比几乎相同。

☞ 642. 食用菌如何分级? 分级标准怎样?

食用菌的商品分级,不同的地区有不同的标准,而且大多数分级标准还是靠人工经验而定的,化学组分的科学考究往往没有配合应用，因此，商品交流中有时出现定级不准确的事实。随着商品的流通、贸易的开展，希望有一个全国统一的标准，但这方面工作进展缓慢，所以要达到真正全国统一标准还要进一步努力。另外，不同国家对同一种食用菌的产品有不同的标准。这都是我们进行生产、商贸时值得注意的。同一种食用菌经过不同的加工、保藏而得到不同的产品，如鲜菇、干品、罐头加工，盐渍品都有不同的分级标准。

不同类型食用菌的分级标准不同。一般肉质伞菌类型，要求测定其菌蕾的大小、色泽、开伞程度、菌盖边缘是否齐整，菌盖卷边，菌盖厚度，菌盖上的花纹，菌盖的直径，菌柄的长度、颜色，香味、含水量、虫霉损毁程度等。耳类食用菌要求测定其菇耳的颜色、结块结团状，蒂头的大小，耳膜的厚度，耳膜的皱褶度，含水量、虫霉程度等。块菌类要求测定其菌块大小、形状、颜色、切面颜色、泥沙什物、香味等。木栓质食用菌测定其菌盖形状，菌盖上花纹，菌盖大小、厚度，颜色，菌柄着生位置、颜色等。一些特殊的食用菌如虫草等，首先根据其自身的形态特征，鉴别是否真正品种，再进行品质评级。

☞ 643．什么是食用菌的深度加工？

食用菌的深度加工是利用分离提取技术，除去食用菌中的糟粕，提取其精华成分而生产成的产品。它使食用菌本身的质地、形态发生了巨大变化，从产品的外表特征反映不出加工前食用菌的特征，它只是浓缩了该食用菌的精华成分。

☞ 644．食用菌的深度加工包括哪些？

（1）食用菌糖果与休闲食品加工。人们把食用菌所具有的蛋白质和多糖成分渗透到各种糕点和糖果配料中,或把食用菌直接制成休闲食品。如食用菌糖果有木耳糖、灵芝糖、平菇花生糖、香菇软糖、猴头牛皮糖等;食用菌休闲食品有香菇松、五香金针菇、油炸金针菇、金针菇干、椒盐香菇干等。

(2)食用菌饮料加工。饮料在当令市场上占有相当重要的位置,不仅口味好,能去暑解渴,还能提神刺激兴奋,具有保健作用。食用菌饮料不久将会陆续成为饮料中的一个重要种类。如香菇汽水、金针菇饮料、金针菇椰汁保健饮料、猴头露、灰树花保健饮料等。

(3)食用菌浸膏、冲剂加工。食用菌浸膏和冲剂,都是滋补、健身和抗病的保健疗效食品。是利用食用菌子实体的浸提液,加入糖类甜味剂、酸味剂、香味剂等调味剂,再加入琼脂或淀粉等填充剂,经浓缩加工而制成的。如灵芝浸膏、猴头黄芪补膏、双孢蘑菇浸膏、灵芝猴头浸膏等;食用菌冲剂有香菇冲剂、银耳晶、银耳奶晶等。

(4)食用菌调味品加工。食用菌调味品种类很多,如蘑菇鲜酱油、口蘑酱油、香菇调味汁、食用菌食醋、平菇芝麻酱等。

(5)食用菌美容化妆品加工。利用食用菌做原料,生产出的食用菌美容化妆品品种将会越来越多,价格将会越来越适宜广大消费者的水平。如银耳有独特的去除人们脸上雀斑、黄斑的功能,有润泽肌肤、美化容颜的作用,茯苓、灵芝等蕈菌曾是唐、宋朝宫廷美容剂的常用原料。

(6)食用菌保健药品加工。近年来的研究和实践表明,食用菌是比较好的抗癌物质。其抗肿瘤的活性物质,主要是食用菌组织中的多糖,如香菇多糖、云芝多糖、茯苓多糖、猴头多糖等。这类多糖物质对肿瘤细胞虽无直接杀伤能力,但是它能刺激人的机体,促进抗体的形成,通过机体免疫力的提高而达到强身治病的作用。

☞645. 如何挑选鲜菇？

鲜菇原汁原味，醇清爽口，但不易保存，极易破碎。若保鲜措施不妥，更易腐坏变质，菇伞或菇柄发黄软垂、出现灰黑斑点就是其最大的特征之一。为此，有的供货商采用盐水泡浸办法延长其保鲜期。而经盐水处理的鲜菇菌因附着盐分，用手触摸有湿感，舌舔略带咸味，较易鉴别。

☞646. 如何挑选干菇？

干制菇菌则香味浓郁，体轻结实，易于贮存和长途运输。但假如保管不善，就容易受潮发霉，香味散失，甚至滋长蛀虫，菌体出现虫孔。于是，有的供货商为保持干制菇菌的卖相，不惜用硫黄漂熏，对肉质较厚的菇菌如猴头菇等尤甚，当你吃起来口感发酸时，你就要小心了。

☞647. 如何挑选黑木耳、银耳？

在选购黑木耳时可参考以下办法。一看：优质的黑木耳干制品耳大肉厚，耳面乌黑光亮，耳背稍呈现灰暗，长势坚挺有弹性。干制后整耳收缩均匀，干薄完整，手感轻盈，拗折脆断，互不黏结。二摸：取少许黑木耳用手捏易碎，放开后朵片有弹性，且能很快伸展的，说明含水量少；如果用手捏有韧性，松手后耳瓣伸展缓慢，说明含水量多。三尝：纯净的黑木耳口感纯正无异味，有清香气。

银耳选购时，一看：质量好的银耳，耳花大而松散，耳肉肥厚，色泽呈白色或略带微黄，蒂头无黑斑或杂质，朵形较圆整，大而美观。如果银耳花朵呈黄色，一般是下雨或受潮烘干的。如果银耳色泽呈暗黄，朵形不全，呈残状，蒂间不干净，属于质量差的。二摸：质量好的银耳应干燥，无潮湿感。三尝：质量好的银耳应无异味，如尝有辣味，则为劣质银耳。四闻：银耳受潮会发霉变质，如能闻出酸味或其他气味，则不能再食用。

购买黑木耳、银耳产品时，最好到大商店或超市中购买有一定知名度企业的产品，这些企业的产品质量有保证，购买时看清包装上的厂名、厂址、净含量、生产日期、保质期、产品标准号等内容。

参 考 文 献

[1] 陈士瑜，陈惠. 菇菌栽培手册. 北京：科学技术文献出版社，2003.

[2] 王贺祥. 食用菌学. 2 版. 北京：中国农业大学出版社，2014.

[3] 秦俊哲，吕嘉枥. 食用菌栽培学. 西安：西北农林科技大学出版社，2002.

[4] 黄年来. 中国现代菇业发展现状及展望. 食用菌，2004(4)：2-3.

[5] 刘遐. 我国食用菌工厂化生产发展若干重要关系(一)(二)(三). 食用菌，2005(1～3)：1-2.

[6] 吴志江. 目前我国食用菌加工现状与发展对策. 现代商贸工业，2003(10)：40-42.

[7] 陈青君，魏金康. 双孢蘑菇设施栽培实用技术. 北京：中国农业大学出版社，2015.

[8] 程继鸿，陈青君. 北京地区野生食用菌资源与利用. 北京：中国农业大学出版社，2015.

[9] 黄毅. 食用菌栽培. 3 版. 北京：高等教育出版社，2008.

[10] John T. Fletcher，Richard H. Gaze. 蘑菇病虫害防控彩图手册. 叶彩云译. 北京：中国林业出版社，2015.